AF395857

Leçons Elémentaire
De Chimie
par
MM. Mlles B. Brussard et H. Dubois

LEÇONS ÉLÉMENTAIRES
DE CHIMIE

LEÇONS ÉLÉMENTAIRES

DE CHIMIE

A L'USAGE

DE L'ENSEIGNEMENT SECONDAIRE DES JEUNES FILLES

(TROISIÈME ANNÉE)

PAR

MM^{lles} B. BUSSARD et H. DUBOIS

PROFESSEURS AGRÉGÉES DE L'ENSEIGNEMENT SECONDAIRE
DES JEUNES FILLES

DEUXIÈME ÉDITION

PARIS

LIBRAIRIE CLASSIQUE EUGÈNE BELIN

BELIN FRÈRES

RUE DE VAUGIRARD, 52

1897

SAINT-CLOUD. — IMPRIMERIE BELIN FRÈRES.

PRÉFACE

Nos *Leçons élémentaires de chimie* ne sont autre chose que la rédaction de cours faits depuis plusieurs années aux élèves de troisième année de l'enseignement secondaire des jeunes filles; nous offrons aux professeurs, nos collègues, ce que nous avons expérimenté.

Le programme de chimie de troisième année, quoique très simple, est encore long pour le peu de temps dont on dispose avec des enfants peu habituées à prendre des notes et désireuses, d'autre part, de suivre attentivement toutes les expériences. Nous avons pensé qu'un livre approprié peut être utile aux élèves; quand elles n'ont pas à écrire, elles profitent davantage des expériences et des explications que le professeur peut donner d'autant plus claires et détaillées qu'il a plus de temps.

Nous n'avons voulu donner pour chaque corps que ses propriétés tout à fait importantes et caractéristiques, et nous avons essayé, ces propriétés une fois connues, de déduire des faits d'expérience, autant de notions générales qu'il nous a été possible. C'est aussi au moyen des propriétés des corps que nous avons expliqué, toutes les fois que l'occasion s'en est présentée, les conditions de leur préparation, raison qui nous a fait placer les préparations à la fin des chapitres. Nous avons naturellement suivi la notation atomique. Nous avons donné toutes les formules simples qui ont pu trouver leur place; nous pensons qu'il est utile d'habituer de bonne heure les élèves à profiter des ressources que fournissent les formules.

Nous serons heureuses si notre modeste essai peut rencontrer quelque approbation.

B. B. et H. D.

PROGRAMME

de la troisième année de l'enseignement secondaire des jeunes filles.

———

Eau. — Oxygène et hydrogène.
Air. — Oxygène et azote. — Combustion.
Corps simples et corps composés. — Nomenclature.
Charbon. — Acide carbonique.
Soufre. — Phosphore. — Chlore.
Silice.
Notions sommaires sur les acides, les métaux usuels, les bases, les sels et les matières organiques.

———

LEÇONS ÉLÉMENTAIRES
DE CHIMIE

CHAPITRE PREMIER

L'EAU

1. Les trois états de l'eau.

Nous connaissons l'eau sous les trois états : liquide, solide, gazeux.

Fig. 1. — Diverses formes des cristaux de neige et de glace.

À l'état solide, l'eau constitue la glace et la neige. Vue à la loupe, la neige présente des formes régulières (*fig. 1*);

ce sont des figures géométriques à six côtés, simples ou portant six branches régulièrement distribuées. On donne

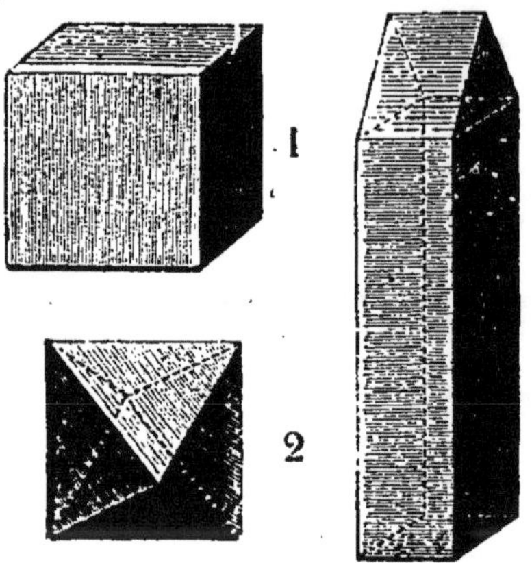

Fig. 2. — Diverses formes de cristaux. — 1 et 2, alun ; 3, salpêtre.

à ces formes régulières le nom de cristaux. Nous aurons occasion de voir d'autres corps solides présentant des dispositions analogues; on dit qu'ils sont *cristallisés* (*fig.* 2 et 3).

A l'état gazeux, l'eau existe dans l'atmosphère. La vapeur d'eau est invisible. Quand elle se condense en fines gouttelettes, elle forme le brouillard. Si on apporte dans un appartement un corps

Fig. 3. — Cristaux d'alun groupés.

froid, on voit se produire à sa surface une buée provenant de la condensation de la vapeur dans l'atmosphère.

2. Corps dissous dans l'eau.

I. SOLIDES

Cette vapeur, condensée par refroidissement, constitue les nuages, retombe sous forme de pluie et dissout au contact du sol les éléments qui le composent, les calcaires, par exemple; dans certains cas, les substances dissoutes la font employer en médecine (eau de Vichy).

Beaucoup d'autres corps, tels que le sel marin, le sucre, le salpêtre, peuvent aussi se dissoudre dans l'eau. Mais la quantité d'un même corps qui se dissout dans un même poids d'eau varie avec la température. Ainsi 100 grammes d'eau dissolvent :

$$\text{à} \quad 0° \quad 13^{gr},3 \text{ de salpêtre,}$$
$$\text{à} \quad 25° \quad 33^{gr},5 \qquad »$$
$$\text{à} \quad 100° \quad 250^{gr} \qquad »$$

et 100 grammes d'eau dissolvent :

$$\text{à} \quad 0° \quad 36^{gr} \quad \text{de sel marin,}$$
$$\text{à} \quad 25° \quad 37^{gr} \qquad »$$
$$\text{à} \quad 100° \quad 39^{gr},5 \qquad »$$

Ces tableaux montrent en outre :

1° Que, à une même température, le poids du corps dissous dans un même poids d'eau dépend de la nature de ce corps;

2° Que le salpêtre est beaucoup plus soluble à chaud qu'à froid, c'est ce qui a lieu généralement pour les autres corps solubles, et que, pour le sel marin, la différence est peu sensible.

Si l'on fait évaporer l'eau, le corps dissous se dépose, et généralement il cristallise.

II. GAZ

De même que l'eau dissout des corps solides, elle dissout aussi des gaz. On peut les extraire par l'expérience suivante (*fig.* 4). On prend un ballon plein d'eau; on y adapte un tube de verre recourbé (tube abducteur) également rempli d'eau; l'autre extrémité du tube aboutit à une cloche longue et étroite (éprouvette), pleine d'eau, retournée sur la cuve à eau, et soutenue par un têt à gaz (*fig.* 5).

1.

L'appareil doit être entièrement rempli de liquide, si l'on veut ne recueillir que les gaz dissous dans l'eau. On

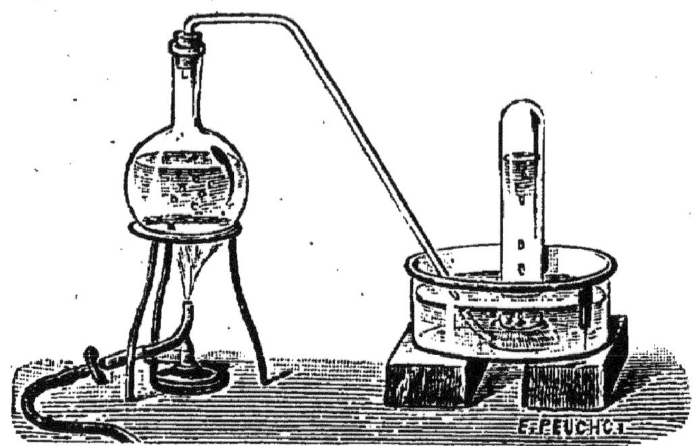

Fig. 4. — Extraction des gaz dissous dans l'eau.

chauffe jusqu'à l'ébullition. On voit des bulles de gaz monter dans l'éprouvette et le niveau de l'eau baisser. Le gaz ainsi recueilli est en réalité un mélange de trois gaz que nous étudierons sous les noms de : oxygène, azote, gaz carbonique*. On peut montrer de plus que tous les gaz dissous se sont dégagés, et qu'il reste seulement de la vapeur d'eau dans la partie supérieure du ballon et dans le tube. Il suffit de laisser refroidir l'appareil ; la vapeur se condense et l'eau de la cuve vient remplir le ballon et le tube.

Fig. 5.
Tét à gaz.

3. Eau potable.

L'eau est potable quand elle peut servir à l'alimentation. Dans ce cas, elle est aérée et contient en petite quantité certaines matières minérales (de 1 à 5 décigrammes par litre). L'eau non aérée est fade et de digestion difficile. Les matières minérales qu'elle renferme sont, en général, le calcaire et la pierre à plâtre, le calcaire

---

* La formation des mots marqués d'un astérisque sera indiquée plus loin.

étant très utile, car il entre dans la constitution des os. Mais, quand ils sont trop abondants, ces corps durcissent les légumes, et rendent le savon insoluble. De plus, l'eau ne doit pas contenir de substances organiques, c'est-à-dire provenant des êtres vivants, comme celles qui se produisent dans les putréfactions, et qui peuvent être malsaines; et surtout, il faut en éliminer les êtres microscopiques, qui sont souvent les germes de maladies contagieuses (fièvre typhoïde). Il est donc utile de faire l'essai de l'eau.

Essai de l'eau. — 1° On verse dans l'eau quelques gouttes d'une dissolution de savon dans l'alcool : il se forme des grumeaux quand l'eau est mauvaise; sinon, le liquide reste limpide.

2° Cette expérience n'apprend rien quant aux substances organiques et aux êtres vivants; on les met en évidence en chauffant l'eau avec quelques gouttes d'une dissolution de chlorure d'or*; l'eau insalubre brunit.

4. Distillation de l'eau.

Si l'on veut de l'eau privée de gaz, nous avons vu qu'il

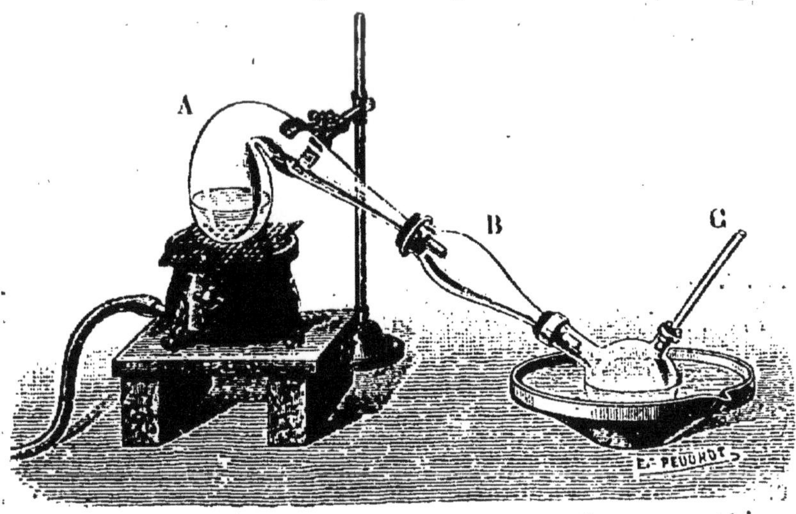

Fig. 6. — Distillation de l'eau. — A, cornue; B, allonge; C, tube pour la sortie de l'air dilaté et des gaz dissous dans l'eau.

suffit de la faire bouillir; pour la débarrasser des matières

solides, il faut la distiller. La distillation consiste à transformer le liquide en vapeur par l'ébullition, et à condenser
la vapeur obtenue. L'appareil le plus simple est le suivant
(*fig.* 6) : un vase de verre coudé et aminci en forme de
col (cornue) se prolonge par une allonge de verre, qui
aboutit dans un ballon refroidi. On fait bouillir l'eau dans
la cornue, la vapeur se condense dans le ballon. Plus la
surface de contact entre la vapeur et la paroi froide est
grande, plus la condensation est rapide. Dans l'appareil
industriel appelé *alambic* (*fig.* 7), la cornue est remplacée

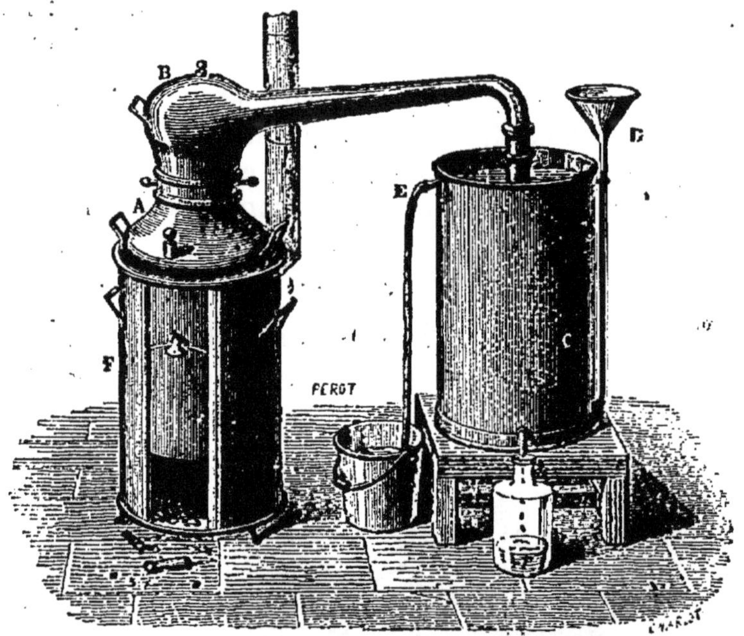

Fig. 7. — Alambic. — A, cucurbite; B, chapiteau; C, serpentin; D, entonnoir par lequel on verse de l'eau froide; E, écoulement de l'eau chaude;
F, fourneau.

par une chaudière (cucurbite) surmontée d'un couvercle
(chapiteau) et le ballon par un tube contourné en serpentin. Cette dernière disposition augmente la surface de
contact sans exiger beaucoup de place. La vapeur, en se
condensant, abandonne toute la chaleur qu'on avait dû
fournir à l'eau liquide pour la vaporiser. L'eau du vase
qui entoure le serpentin s'échauffe très vite; on la renou-

velle en amenant de l'eau froide à la partie inférieure,
pendant que l'eau chaude, plus légère, s'écoule par une
ouverture ménagée à la partie supérieure.

5. Filtration de l'eau.

On débarrasse l'eau des germes de maladies qu'elle
contient, en même temps que
des corps solides qui y sont en
suspension en la filtrant d'après
la méthode Pasteur. La partie
essentielle d'un filtre Pasteur
(*fig.* 8) est un tube de porcelaine poreuse ou *bougie*, contenu dans un vase que l'on
adapte au robinet d'une conduite d'eau ; l'eau qui arrive
dans ce vase traverse la paroi
poreuse de l'extérieur à l'intérieur et s'écoule par un tube
qui prolonge la bougie. Les substances solides de toute nature
sont retenues par la porcelaine
dont les pores se bouchent peu
à peu, le débit du filtre diminue.
Pour nettoyer le filtre, on le
démonte, on brosse la surface
extérieure de la bougie, et on
plonge celle-ci pendant quelques
minutes dans l'eau bouillante
pour détruire les germes vivants.

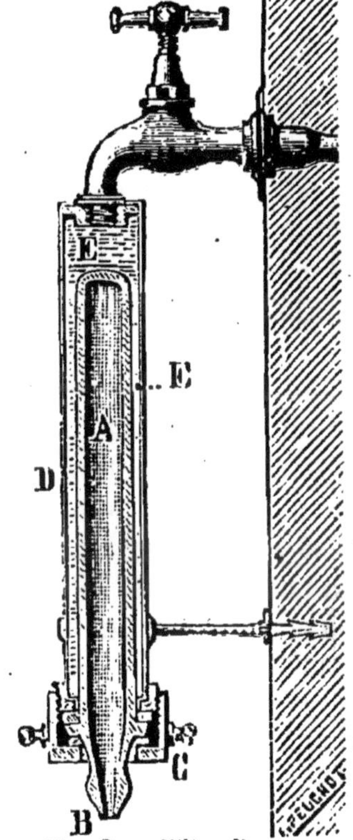

Fig. 8. — Filtre Pasteur.
A, bougie ; B, écoulement de l'eau
filtrée ; C, garniture métallique
que l'on dévisse pour nettoyer
la bougie ; D, vase adapté au
robinet E ; F, eau à filtrer.

6. Composition de l'eau.

C'est en 1784 que Lavoisier établit la composition de
l'eau et prouva qu'elle n'est pas un corps simple, un *élé-
ment*, comme on l'avait cru jusqu'alors.

On peut décomposer l'eau par l'électricité dans le *volta-*

mètre. Le voltamètre (*fig.* 9) est un vase de verre dont le fond, couvert de cire, est traversé par deux fils de platine. Deux fils de cuivre mettent ces fils de platine en communication avec les deux pôles d'une pile électrique. Le vase contient de l'eau acidulée par quelques gouttes d'acide sulfurique*, et on retourne sur les fils des éprouvettes pleines d'eau. Quand la pile fonctionne, on voit des bulles de gaz monter dans les éprouvettes, et dans l'une le volume du gaz est très sensiblement le double de ce qu'il est dans l'autre. Si l'on prolongeait suffisamment l'expérience, on verrait l'eau disparaître en même temps que les gaz continueraient à se dégager. Prenons l'éprouvette contenant le plus de gaz et approchons-en une allumette enflammée; l'allumette s'éteint et le gaz brûle avec une flamme à peine visible, ce sont les caractères de l'hydrogène*. Une allumette qui n'a plus qu'un point rouge se rallume dans l'autre gaz, c'est l'oxygène*. L'eau est donc formée d'hydrogène et d'oxygène dans la proportion de deux volumes du premier pour un du second. Si, au lieu de mesurer les volumes, on pesait les gaz obtenus, on trouverait que, pour 9 grammes d'eau décomposée, il y a toujours 1 gramme d'hydrogène et 8 grammes d'oxygène.

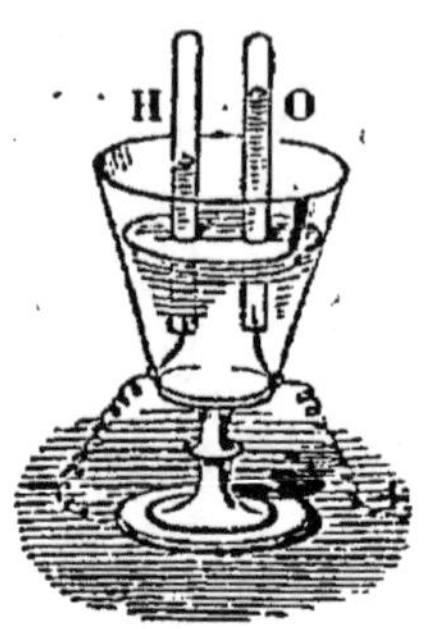

Fig. 9.—Voltamètre. H, hydrogène; O, oxygène.

CHAPITRE II

HYDROGÈNE

7. Caractère de l'hydrogène.

Nous avons vu qu'on reconnaît l'hydrogène à ce qu'il
éteint une allumette enflammée, et brûle avec une flamme
à peine visible.

8. Propriétés de l'hydrogène.

1. LÉGÈRETÉ

Ce gaz est très léger. Il pèse environ 14,5 fois moins
que l'air et un litre d'air pèse $1^{gr},3$. On peut mettre sa
légèreté en évidence par
les expériences sui-
vantes :

1° Inclinons au-des-
sous d'une éprouvette
pleine d'air (*fig.* 10), tenue verticalement, une
éprouvette de même
grandeur, remplie d'hy-
drogène, et renversons
progressivement celle-
ci. L'hydrogène s'élève

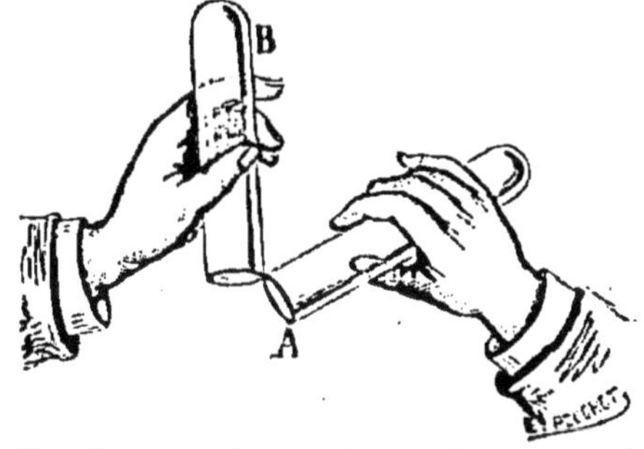

Fig. 10. — A, éprouvette contenant primi-
tivement de l'hydrogène qui s'élève dans
l'éprouvette B.

dans l'éprouvette supérieure dont il chasse l'air ; on s'en

assure en enflammant le gaz au bout de quelques instants.

Fig. 11. — Les bulles de savon gonflées d'hydrogène s'élèvent dans l'air et on les enflamme.

2° On gonfle avec de l'hydrogène des bulles de savon ; elles s'élèvent dans l'air et on peut les enflammer pendant leur ascension (*fig.* 11). Les petits ballons d'enfants et les aérostats sont gonflés avec de l'hydrogène pur, ou avec du gaz d'éclairage, qui est un mélange d'hydrogène et d'autres gaz.

II. DIFFUSIBILITÉ

L'hydrogène traverse facilement les membranes ; cette propriété qui est la *diffusibilité* appartient à tous les gaz, mais inégalement ; ils se diffusent d'autant mieux qu'ils sont plus légers. Si on couvre d'une feuille de papier l'extrémité d'un tube par lequel se dégage de l'hydrogène, le gaz traverse la feuille de papier au-dessus de laquelle on peut l'allumer. Les ballons se dégonflent toujours, bien qu'on cherche à fabriquer des enveloppes aussi imperméables que possible. Un ballon gonflé de gaz d'éclairage se dégonfle moins vite qu'un ballon gonflé d'hydrogène, le gaz d'éclairage étant beaucoup plus lourd que l'hydrogène, mais aussi il s'élève moins bien.

III. COMBUSTION

L'hydrogène en brûlant se combine à l'oxygène de l'air, c'est la *combustion* de l'hydrogène (*fig.* 12). Le produit de cette combinaison est de la vapeur d'eau ; on le constate en enflammant au bout d'un tube effilé de l'hydrogène soigneusement desséché ; si on entoure la flamme avec une cloche froide, celle-ci se couvre de buée.

De même qu'en décomposant l'eau, on en a séparé les

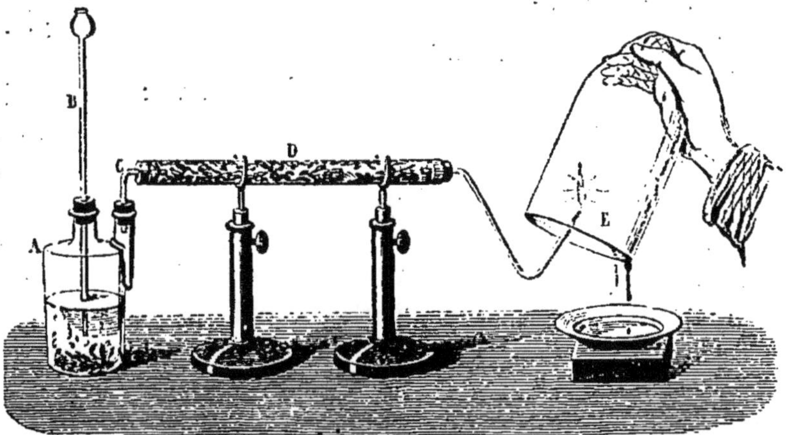

Fig. 12. — Combustion de l'hydrogène. — A, B, appareil producteur d'hydrogène ; C, tube de dégagement amenant le gaz dans le tube D ; D, tube contenant des morceaux de pierre ponce imbibée d'acide sulfurique ; cet acide retient l'eau entraînée par le gaz ; E, cloche froide entourant la flamme.

éléments hydrogène et oxygène (ce qui s'appelle faire une *analyse*), on peut avec les deux gaz refaire de l'eau (*synthèse*). Retournons sur la cuve à eau un flacon plein d'eau ; faisons-y passer un tiers de son volume d'oxygène et deux tiers d'*hydrogène*. Entourons le flacon d'un linge mouillé pour préserver la main en cas de rupture, et approchons-le d'une flamme. Une forte détonation se fait entendre. Les deux gaz se combinent et produisent de la vapeur d'eau avec grand dégagement de chaleur. La vapeur d'eau se condense ensuite, d'où un vide dans le flacon, et l'air, rentrant brusquement, produit sur les parois un choc, cause de la

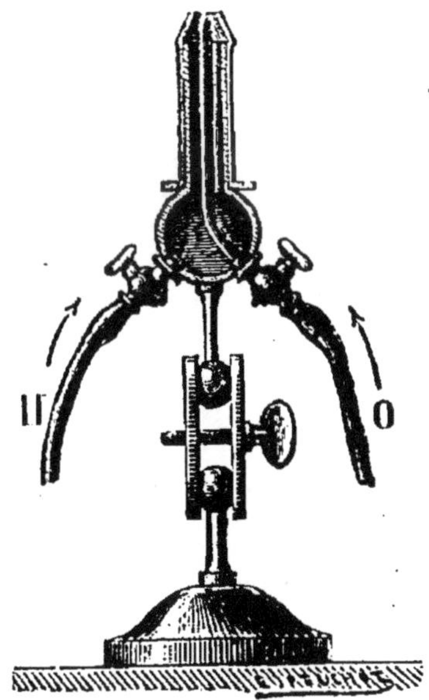

Fig. 13. — Chalumeau.
H, hydrogène ; O, oxygène.

suite, d'où un vide dans le flacon, et l'air, rentrant brusquement, produit sur les parois un choc, cause de la détonation. Un fait analogue se produit, mais avec beaucoup moins de violence, quand on enflamme l'hydrogène contenu dans une éprouvette.

La flamme de l'hydrogène est très chaude : elle rougit un fil d'acier. Elle est pâle. Pour la rendre éclairante, on verse un peu de benzine dans l'appareil producteur du gaz. La benzine est formée de charbon et d'hydrogène; elle est décomposée, et les parcelles solides de charbon, portées au rouge, donnent à la flamme son éclat. — Ceci est général : une flamme est pâle quand elle n'est formée que de corps gazeux incandescents; elle devient éclairante si on y introduit des particules solides.

On utilise généralement la flamme de l'hydrogène au moyen du *chalumeau*. Cet appareil (*fig.* 13) se compose de deux tubes emboîtés l'un dans l'autre; par le tube intérieur, on fait arriver de l'oxygène, et dans l'espace annulaire de l'hydrogène; on enflamme le gaz à l'extrémité du tube. Remarquons qu'il n'y a pas mélange détonant, puisque

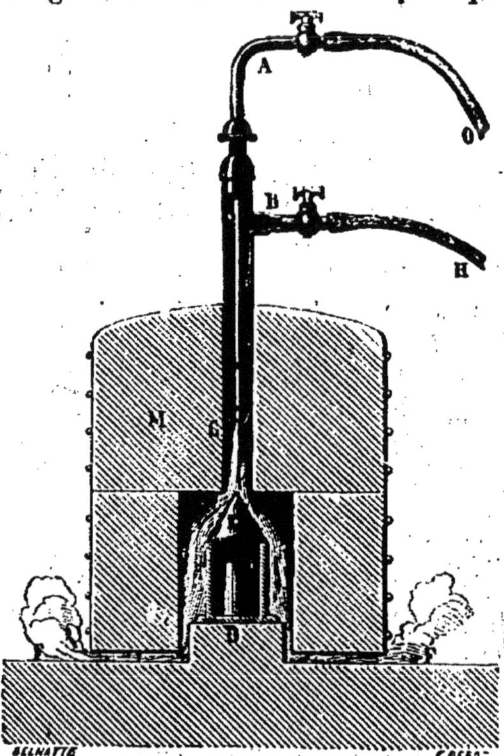

Fig. 14. — Chalumeau pour fondre le platine. — O, oxygène; H, hydrogène; C, dard du chalumeau; E, creuset; D, lingot de platine; F, sortie des gaz produits par la combustion; M, four en briques réfractaires.

l'oxygène n'arrive sur l'hydrogène qu'au fur et à mesure de la combustion. Cette flamme très chaude sert à travailler le verre dans les laboratoires; on remplace alors l'hydrogène par le gaz d'éclairage et l'oxygène par l'air qu'on envoie à l'aide d'une soufflerie. On fond, à l'aide du chalumeau, certains corps difficilement fusibles comme le platine (il fond à 1 800°). On dirige l'extrémité amincie de la flamme ou *dard* du chalumeau sur le métal placé dans un creuset de chaux, infusible à cette température (*fig.* 14).

En introduisant dans la flamme du chalumeau un bâton de chaux, on obtient une vive lumière utilisée dans

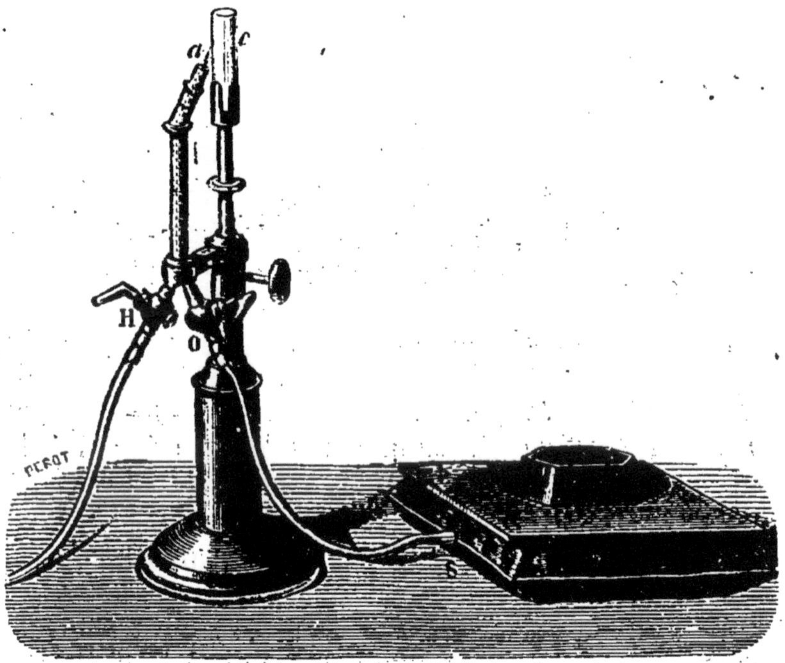

Fig. 15. — Lumière oxyhydrique. — *a*, dard du chalumeau; *c*, bâton de chaux vive; H, hydrogène; O, oxygène qui se dégage du sac S avec une pression plus ou moins grande suivant la valeur du poids placé sur le sac.

les appareils à projection; c'est la lumière Drummond, ou *lumière oxyhydrique* (*fig.* 15).

9. Préparation de l'hydrogène.

On retire l'hydrogène de l'eau. On pourrait le recueillir dans le voltamètre, mais cette préparation serait longue et coûteuse. On décompose, par le zinc, l'eau acidulée d'acide sulfurique. On prend (*fig.* 16) un flacon à deux tubulures dans lequel on met de l'eau et du zinc en petits morceaux, pour présenter une grande surface à l'action de l'acide. Par l'une des tubulures passe un tube à entonnoir plongeant dans l'eau et qui sert à verser l'acide ; par l'autre, un tube abducteur qui conduit le gaz dans une éprouvette placée sur la cuve à eau. Une effervescence se produit, et le zinc se dissout peu à peu dans le liquide.

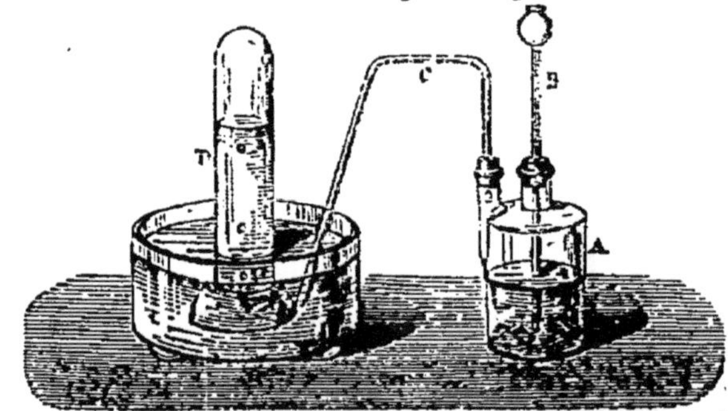

Fig. 16. — Préparation de l'hydrogène. — A, flacon à deux tubulures ; B, tube à entonnoir ; C, tube abducteur ; D, éprouvette.

On peut de plus constater au toucher que le flacon est très chaud. Si, l'expérience terminée, on fait évaporer l'eau restant dans le flacon, il se dépose un corps blanc, cristallisé, le sulfate de zinc*.

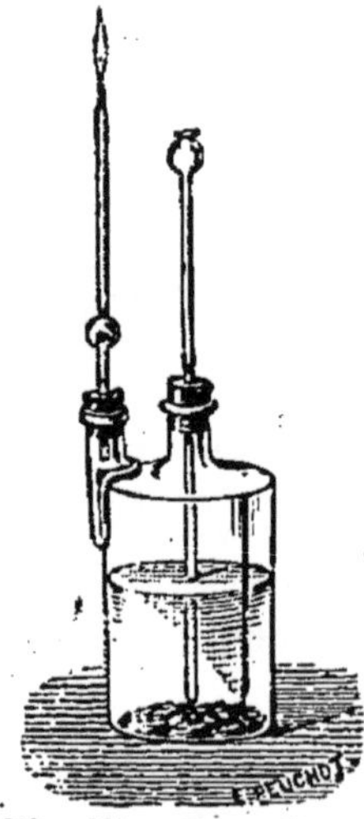

Fig. 17. — On enflamme l'hydrogène au bout du tube effilé.

Si on veut enflammer l'hydrogène, on remplace le tube abducteur par un tube effilé (*fig.* 17). Mais on aura grand soin : 1° de s'assurer que l'appareil ne présente par les tubulures aucune communication avec l'air extérieur, ce que l'on reconnaît en fermant le tube abducteur avec le doigt pendant quelques secondes ; l'hydrogène s'accumule dans le flacon et sa pression fait monter le liquide dans le tube à entonnoir ; 2° d'attendre, avant d'allumer le gaz, que l'appareil fonctionne depuis un temps assez long pour éviter la détonation que produirait le mélange de l'hydrogène et de l'air du flacon.

10. Mélange et combinaison.

Cette leçon nous permet de déduire des faits observés quelques considérations générales. Revenons à la synthèse de l'eau. Avant d'approcher le flacon de la flamme, l'hydrogène et l'oxygène sont *mélangés;* après, ils sont *combinés.*

La différence entre le mélange et la combinaison est très importante :

1° Le corps résultant d'une combinaison a des propriétés différentes de celles des corps qui le composent. Ainsi l'eau n'a ni les propriétés de l'oxygène, ni celles de l'hydrogène.

2° La combinaison est accompagnée le plus souvent d'un dégagement de chaleur. Le flacon producteur d'hydrogène s'échauffe beaucoup par suite des combinaisons qui s'y produisent. Quand nous enflammons de l'hydrogène, nous amenons le gaz qui est au contact de la flamme à la température à laquelle il peut se combiner à l'oxygène, puis, par suite de la combinaison même, le dégagement de chaleur est suffisant pour permettre la combustion de tout le gaz.

3° La décomposition de 9 grammes d'eau donne toujours 8 grammes d'oxygène et 1 gramme d'hydrogène ; *il n'y a donc ni perte ni gain de matière* (loi de Lavoisier).

4° Les poids des corps qui se combinent sont dans un *rapport déterminé* (loi de Proust). Ainsi, pour faire de l'eau, il faut un poids d'hydrogène 8 fois plus petit que le poids d'oxygène employé : 2 grammes d'hydrogène et 16 grammes d'oxygène donnent 18 grammes d'eau; 3 grammes d'hydrogène et 16 grammes d'oxygène donnent encore 18 grammes d'eau; et il reste 1 gramme d'hydrogène non employé. Un mélange peut, au contraire, être fait en toutes proportions.

CHAPITRE III

OXYGÈNE

11. Caractère de l'oxygène.

Nous savons qu'on reconnaît l'oxygène à ce qu'il rallume une allumette présentant quelques points rouges.

12. Propriétés de l'oxygène.

COMBUSTIONS

Les corps brûlent dans l'oxygène mieux que dans l'air; nous l'avons déjà vu lorsque nous avons caractérisé ce gaz.

1° **Combustion du charbon.** — Le charbon allumé, plongé dans un flacon d'oxygène (*fig.* 18), y brûle avec éclat. La combustion terminée, on constate que l'oxygène a disparu; une allumette, ayant encore quelques points rouges, ne se rallume plus dans le flacon; si l'on y verse de l'eau de chaux (eau tenant en dissolution une petite quantité de chaux), elle se trouble, c'est le caractère auquel on reconnaît le gaz carbonique*. Il y a eu combinaison du charbon et de l'oxygène. Prenons un autre flacon plein d'oxygène, recommençons l'expérience, et cette fois versons un liquide bleu, la teinture de tournesol, obtenue en dissolvant dans l'eau une matière colorante extraite de certains lichens. Le liquide bleu devient

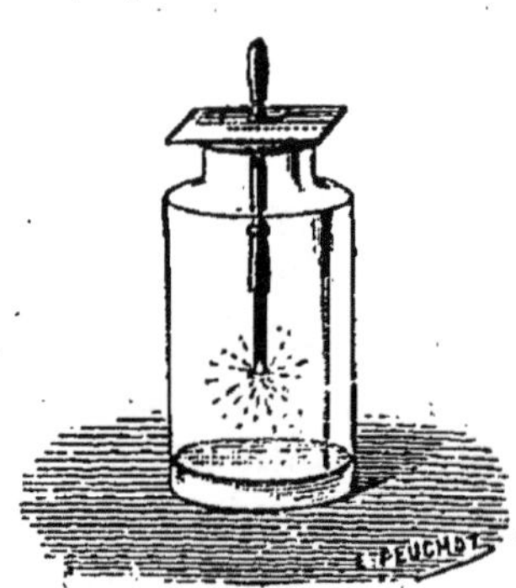

Fig. 18. — Combustion du charbon dans l'oxygène.

rouge, et ce changement est dû à une combinaison de gaz carbonique et d'eau appelée acide carbonique*. Disons tout de suite que c'est le caractère commun et distinctif des *acides* de faire virer au rouge avec des teintes diverses la couleur bleue de tournesol. Ici le rouge est analogue à la couleur du vin.

2° **Combustion du soufre.** — Le soufre, enflammé dans une petite coupelle en terre, brûle avec une flamme bleuâtre (*fig.* 19). Il donne un gaz, reconnaissable à son odeur suffocante, le gaz sulfureux*, celui qui se produit quand on enflamme une allumette. Si le flacon contient un peu d'eau, bouchons-le avec la main, agitons, puis retournons le flacon sur la cuve à eau, et retirons la main sous l'eau, le liquide pénètre dans le flacon, le gaz sulfureux a donc été absorbé par l'eau. Ajoutons de la teinture bleue de tournesol, elle se colore en rouge cuivre ou

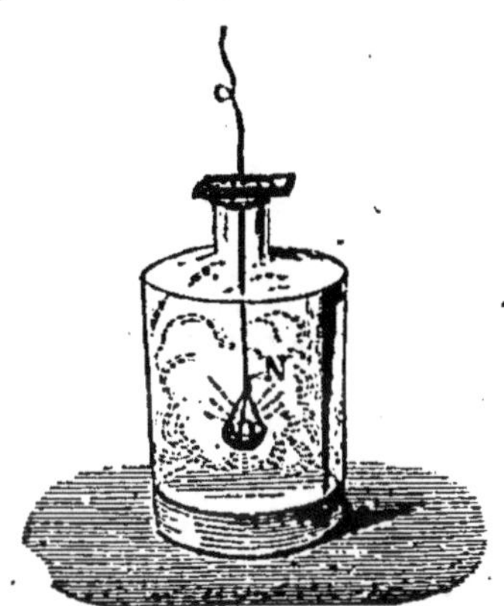

Fig. 19. — Combustion du soufre et du phosphore dans l'oxygène.

pelure d'oignon, sous l'action de l'acide sulfureux, résultat de la combinaison du gaz sulfureux et de l'eau.

3° **Combustion du phosphore.** — Le phosphore, légèrement chauffé dans une coupelle, brûle avec une flamme très brillante. Le flacon se remplit de fumées blanches, et un corps solide se dépose sur les parois; c'est l'anhydride phosphorique*, produit de la combinaison du phosphore et de l'oxygène. Versons dans le flacon de la teinture de tournesol, elle devient d'un rouge cuivre, action due à l'acide phosphorique* formé par combinaison de l'anhydride phosphorique et de l'eau.

4° **Combustion du fer.** — A l'extrémité d'un fil de fer enroulé en spirale, on attache un morceau d'amadou, qu'on enflamme, et l'on introduit le tout dans un flacon d'oxygène (*fig.* 20). L'amadou brûle; il échauffe suffisamment le fer pour que celui-ci brûle à son tour. Des

étincelles se détachent du fer et des gouttelettes rouges
tombent au fond du flacon, qu'on préserve de la rupture
au moyen d'une couche d'eau. On retrouve ces gouttelettes solidifiées sous forme d'un corps brun qu'on appelle
oxyde de fer* magnétique, ce corps ayant la même composition que la pierre d'aimant.

Fig. 20. — Combustion du fer dans l'oxygène.

5° **Combustion du magné-
sium.** — On plonge dans un
flacon d'oxygène un ruban de
magnésium légèrement chauffé.
Il s'enflamme très facilement,
et brûle avec une flamme
éblouissante, en donnant un
corps solide blanc, l'oxyde de
magnésium*, ou magnésie. Si on verse de la teinture de
tournesol rougie par un acide, elle redevient bleue. Cette
propriété, inverse de celle des acides, caractérise les *bases*.
Dans ce cas, la base est la magnésie hydratée, formée
par combinaison de la magnésie et de l'eau.

Remarque I. — Insistons sur le dégagement de chaleur que produit la combustion. Nous avons dû échauffer
le charbon, le soufre, etc., avant de les plonger dans
l'oxygène, c'est-à-dire que nous avons dû les porter à une
température telle qu'ils puissent se combiner à l'oxygène.
Un charbon noir, placé dans un flacon d'oxygène, ne brûle
pas; mais, avec un charbon rouge, une fois la combinaison commencée, elle dégage une chaleur suffisante
pour permettre la combustion du charbon non transformé.
Le dégagement de chaleur augmente, le flacon s'échauffe.

C'est la chaleur résultant de la combinaison du charbon
et de l'oxygène de l'air que nous utilisons dans les foyers.

Remarque II. — Le charbon et le fer brûlent sans
flamme; le soufre, avec une flamme pâle. Au contraire,
le phosphore et le magnésium brûlent avec une flamme
très éclairante; ce sont les deux corps qui ont donné des
produits solides, restant en suspension dans la flamme,
et portés à l'incandescence.

Combustions vives. Combustions lentes. — Tous ces phénomènes d'oxydation se produisent avec dégagement de chaleur sensible. On les appelle *combustions vives*. Mais des oxydations analogues peuvent se produire sans incandescence, ce sont les *combustions lentes*. Ainsi le fer, exposé à l'air humide, se rouille ; la rouille est une combinaison de fer et d'oxygène, mais dont les propriétés sont différentes de celles de l'oxyde de fer magnétique. La respiration est aussi un phénomène de combustion lente, produit grâce à l'oxygène de l'air.

13. Préparation de l'oxygène.

On pourrait retirer l'oxygène de l'eau par le voltamètre ; ce procédé n'est pas plus employé que pour l'hydrogène.

On décompose par la chaleur un corps blanc, cristallisé, le chlorate de potassium *. Ce corps contient beaucoup d'oxygène et il le perd facilement. On peut s'en assurer

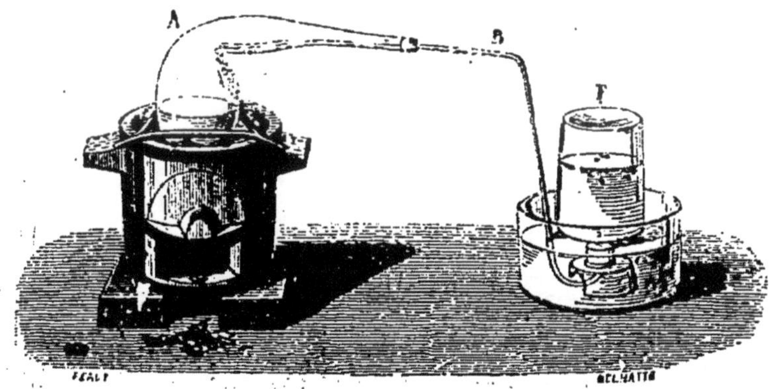

Fig. 21. — Préparation de l'oxygène. — A, cornue ; B, tube abducteur ; F, flacon dans lequel on recueille le gaz.

en projetant quelques cristaux sur des charbons rouges, la combustion est activée. On chauffe le chlorate de potassium dans une cornue et on recueille le gaz sur la cuve à eau (*fig.* 21). Pour que la décomposition se fasse régulièrement, on ajoute un corps noir, en poudre, le bioxyde de manganèse *.

CHAPITRE IV

AIR

14. Expérience de Lavoisier.

Lavoisier a montré, en 1774, que l'air est un mélange
d'oxygène et d'un autre gaz, l'azote. Pendant douze jours
et douze nuits consécutifs, il fit chauffer du mercure
dans un ballon dont le col recourbé se terminait en haut

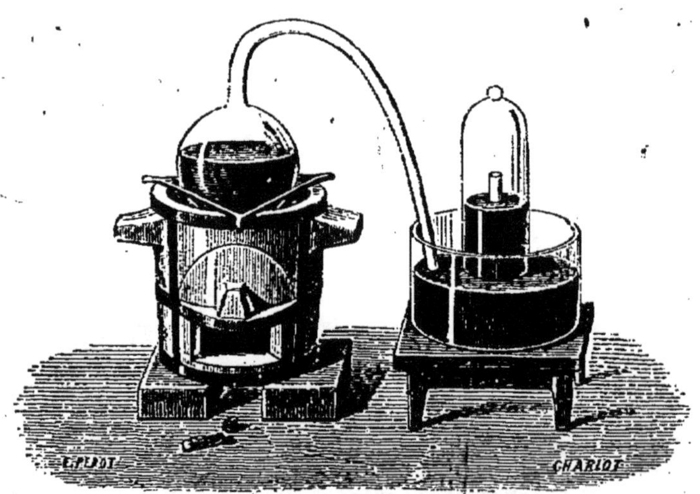

Fig. 22. — Expérience de Lavoisier.

d'une cloche retournée sur une cuve à mercure (*fig*. 22).
Il aspira une partie de l'air de la cloche, au moyen d'un
tube recourbé, de façon que le niveau du mercure fût plus
élevé dans la cloche que dans la cuve. Cette disposition
permettait de suivre facilement les variations de niveau
du mercure dans la cloche, et en même temps assurait
la stabilité de cette cloche. Le deuxième jour, Lavoisier

vit la surface du mercure se recouvrir de parcelles rougeâtres qui augmentèrent pendant cinq jours, et le niveau s'élever dans la cloche. Il continua de chauffer jusqu'au douzième jour ; aucune modification ne se produisant plus dans l'appareil, il le laissa refroidir. Le gaz restant dans le ballon et la cloche éteignait une bougie allumée ; il n'entretenait pas la respiration : de petits animaux plongés dans ce gaz y mouraient. Il lui donna le nom d'azote (*a*, sans ; *zoos*, vie). Il mit les pellicules rouges dans une cornue très petite pour laisser au-dessus d'elles le moins d'air possible. Il chauffa, il recueillit de l'oxygène sur la cuve à mercure et retrouva du mercure dans la cornue ; les pellicules étaient donc une combinaison de mercure et d'oxygène, on appelle cette combinaison oxyde de mercure.

Lavoisier fit passer dans une même cloche l'azote restant de la première expérience et l'oxygène recueilli dans la deuxième ; il obtint un mélange qui avait toutes les propriétés de l'air atmosphérique. Il avait ainsi établi par analyse et par synthèse que l'air est un mélange d'oxygène et d'azote.

15. Composition de l'air.

Depuis Lavoisier, on a fait d'autres expériences qui ont déterminé très exactement la composition de l'air et prouvé que l'azote y entre pour les quatre cinquièmes et l'oxygène pour un cinquième.

Toutes ces expériences sont fondées sur le même principe : enlever à l'air son oxygène et laisser l'azote. On pourrait employer un des corps qui nous ont servi à faire des combustions dans l'oxygène.

ANALYSE DE L'AIR PAR LE PHOSPHORE

On choisit le phosphore qui forme avec l'oxygène un corps solide ; aucun gaz ne se mêle à l'azote. Le phosphore se combine à l'oxygène, soit lentement à la température ordinaire, soit rapidement quand on le chauffe, d'où deux méthodes :

1° Analyse de l'air par le phosphore à la température ordinaire. — On retourne une éprouvette sur un verre d'eau et on amène le niveau à être plus élevé dans l'éprouvette que dans le verre (*fig.* 23). On fait passer dans l'éprouvette un bâton de phosphore. Des fumées blanches apparaissent et se dissolvent peu à peu. Le niveau s'élève dans l'éprouvette; et, à l'obscurité, le phosphore émet des lueurs (phosphorescence). Au bout de douze heures environ, le niveau reste fixe. Le gaz restant, qui est de l'azote, occupe les quatre cinquièmes du volume de l'air employé.

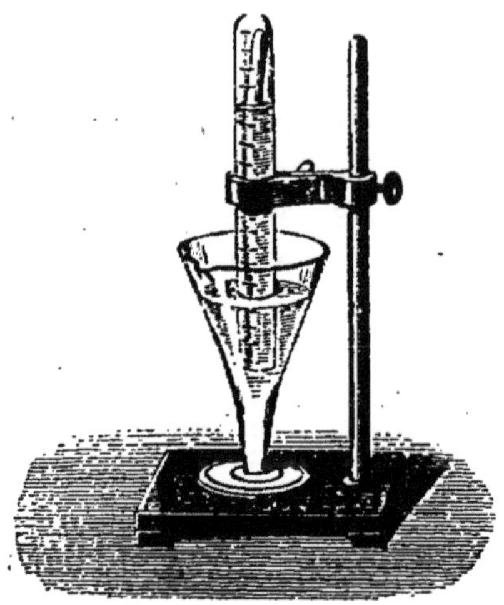

Fig. 23. — Analyse de l'air par le phosphore à la température ordinaire.

2° Analyse de l'air par le phosphore chauffé. — L'éprouvette est remplacée par une cloche courbe, tube coudé portant une ampoule dans laquelle on fait passer un petit morceau de phosphore (*fig.* 24). On enflamme le phosphore en chauffant légèrement l'ampoule. La flamme descend jusqu'au niveau de l'eau et, après refroidissement, ce niveau s'élève. Il s'est formé de l'anhydride phosphorique en fumées blanches qui se dissolvent dans l'eau.

Fig. 24. — Analyse de l'air par le phosphore chauffé.

VAPEUR D'EAU ET GAZ CARBONIQUE DE L'AIR

Quand on fait des analyses très exactes, il faut tenir compte de gaz autres que l'oxygène et l'azote qui se trouvent dans l'air. Les principaux sont : la vapeur d'eau, qui y existe en quantité variable, et le gaz carbonique, qui y entre seulement pour quelques dix-millièmes. Nous savons constater la présence de la vapeur d'eau ; nous savons également caractériser le gaz carbonique par l'eau de chaux ; ce liquide se trouble quand on l'expose à l'air.

16. Propriétés de l'air.

L'air entretient la respiration et la combustion ; ses propriétés sont celles de l'oxygène, mais atténuées par la présence de l'azote. Donc l'air est un mélange, ce que prouve aussi la deuxième expérience de Lavoisier. Remarquons cependant que ce mélange n'est pas fait dans des proportions quelconques. La composition de l'air, quatre cinquièmes d'azote, pour un cinquième d'oxygène, est constante, quelle que soit la région d'où il provienne.

CHAPITRE V

AZOTE

17. Caractère de l'azote.

L'azote éteint une allumette enflammée.

18. Propriétés de l'azote.

Il n'entretient ni les combustions, ni la respiration; mais ce n'est pas un poison. Un animal plongé dans l'azote meurt par suite du manque d'oxygène.

19. Extraction de l'azote de l'air.

Les méthodes d'analyse de l'air fournissent un moyen d'obtenir l'azote. Pour l'obtenir en plus grande quantité, on enflamme du phosphore sous une grande cloche retournée sur une cuve à eau; le phosphore est placé dans une coupelle sur un bouchon de liège qui flotte à la surface de l'eau (*fig.* 25).

Fig. 25. — Préparation de l'azote.

Remarque. — Des chimistes anglais ont découvert tout récemment que l'azote extrait de l'air n'est jamais pur, mais qu'il renferme en petite quantité un gaz inconnu jusqu'ici et qu'ils ont appelé *argon*.

CHAPITRE VI

NOMENCLATURE

On appelle nomenclature chimique l'ensemble des règles qui permettent de nommer et d'écrire les corps de la chimie. D'où deux nomenclatures : nomenclature parlée, nomenclature écrite.

NOMENCLATURE PARLÉE

Les corps sont *simples* (ex. : oxygène) ou *composés* (ex. : eau).

20. Nomenclature des corps simples.

Les principaux corps simples sont :

	Non métalliques ou métalloïdes.	Métaux.
Hydrogène.	Oxygène.	Potassium.
	Azote.	Sodium.
	Carbone.	Calcium.
	Soufre.	Magnésium.
	Phosphore.	Zinc.
	Chlore.	Aluminium.
	Iode.	Manganèse.
	Silicium.	Fer.
		Nickel.
		Plomb.
		Étain.
		Cuivre.
		Mercure.
		Argent.
		Or.
		Platine.

En général, les métaux se distinguent des autres corps simples parce qu'ils ont un éclat, dit éclat métallique, et qu'ils sont bons conducteurs de la chaleur et de l'électricité.

21. Nomenclature des corps composés.

Les corps composés sont *binaires* quand ils sont formés de deux corps simples; *ternaires*, quand ils sont formés de trois corps simples; *quaternaires*, de quatre.

On les groupe d'après leur action sur la teinture bleue de tournesol. Les uns la rougissent, ce sont les *acides* (acides carbonique, sulfureux, phosphorique). *Tous contiennent de l'hydrogène.* D'autres ramènent au bleu la teinture de tournesol rougie par les acides, ce sont les *bases* (magnésie hydratée). Les autres, enfin, n'ont aucune action sur la teinture, qu'elle soit rouge ou bleue, ils sont *neutres* (ex. : oxyde magnétique de fer). Une série de corps neutres très importants est formée par les *sels*.

Définition d'un sel. — Un sel est le résultat de la substitution d'un métal à l'hydrogène d'un acide.

Exemple : Le sulfate de zinc obtenu dans la préparation de l'hydrogène est un sel dérivant de l'acide sulfurique dont le zinc a remplacé l'hydrogène.

I. NOMENCLATURE DES CORPS BINAIRES

Ils contiennent ou non de l'oxygène.

1° Corps binaires sans oxygène. — On termine le nom d'un des corps simples par *ure*, et on le fait suivre du nom de l'autre en les séparant par la préposition *de;* ex. : sulfure de fer (composé de soufre et de fer).

Remarque. — Si le composé est formé d'un métal et d'un autre corps simple, on place en second le nom du métal. S'il est formé de deux métalloïdes, l'usage apprend quel est celui des deux noms qui prend la terminaison *ure ;* ex. : sulfure de carbone, chlorure de soufre.

Exceptions. — 1° On appelle *alliage* une combinaison de métaux ; ex. : l'alliage des monnaies d'argent est un composé d'argent et de cuivre. Certains alliages ont des noms spéciaux; ainsi le bronze est un alliage de cuivre et d'étain; le laiton, un alliage de cuivre et de zinc. Si l'un des métaux est le mercure, l'alliage prend le nom d'*amalgame*; ex. : amalgame d'or.

2° L'hydrogène forme avec le soufre, le chlore, l'iode, et quelques autres, des composés acides. Au lieu de les appeler sulfure, chlorure, iodure d'hydrogène, on les nomme acide sulfhydrique, acide chlorhydrique, acide iodhydrique, en plaçant à la suite du mot *acide* le nom du corps simple autre que l'hydrogène, suivi de la terminaison *hydrique*.

Remarque. — Les sels formés par ces acides binaires sont *binaires*; et, d'après la nomenclature, on les nomme sulfures, chlorures, etc., ex. : sulfure de fer, chlorure d'or.

2° Corps binaires contenant de l'oxygène. — Ils sont neutres. On les divise en trois groupes :

1° Les *anhydrides*, qui se combinent avec l'eau pour former des acides ;

2° Les *oxydes basiques*, qui se combinent avec l'eau pour former des bases;

3° Les *oxydes neutres*; ce sont tous ceux qui ne rentrent pas dans les deux premières catégories.

Anhydrides. — Si un corps simple ne donne qu'un anhydride, on fait suivre ce mot du nom du corps simple qui prend la terminaison *ique*; ex. : anhydride carbonique (gaz carbonique).

Si le même corps simple forme avec l'oxygène deux anhydrides, le plus oxygéné prend la terminaison *ique*, l'autre prend la terminaison *eux*.

Exemple : anhydride sulfurique, formé de 2 grammes de soufre pour 3 grammes d'oxygène; anhydride sulfureux (gaz sulfureux), formé de 2 grammes de soufre pour 2 grammes d'oxygène.

Oxydes basiques et neutres. — La nomenclature est la même pour tous les oxydes, qu'ils soient basiques ou neutres.

2.

Si un même corps simple ne produit qu'un oxyde, on fait suivre le mot *oxyde* du nom du corps simple en les séparant par la préposition *de;* ex. : oxyde de carbone, oxyde de zinc.

Si un même corps simple forme avec l'oxygène plusieurs oxydes, on donne au moins oxygéné le nom de *protoxyde.* Pour former les noms des autres oxydes, on se base sur le fait d'expérience suivant : étant donné un poids déterminé du corps simple, si on représente par 1 le poids d'oxygène qui s'y combine pour former le protoxyde, les poids d'oxygène qui s'y combinent pour former les autres oxydes sont représentés par les nombres simples, $\frac{4}{3}$, $\frac{3}{2}$, 2. Ex. :

	Manganèse.	Oxygène.
1er oxyde de manganèse :	55gr pour	16gr.
2e —	—	$16 \times \frac{4}{3}$.
3e —	—	$16 \times \frac{3}{2}$.
4e —	—	16×2.

Le premier est le protoxyde.

Le troisième est le sesquioxyde $\left(\text{sesqui}, \frac{3}{2}\right)$.

Le quatrième est le bioxyde.
Le deuxième est appelé oxyde salin.

Autre exemple :

Protoxyde de fer.
Oxyde salin ou oxyde magnétique de fer.
Sesquioxyde de fer ou rouille.

II. NOMENCLATURE DES CORPS TERNAIRES

Sont ternaires : certains acides, les bases, les sels obtenus avec les acides ternaires.

Acide. — Le nom d'un acide se forme très simplement

en remplaçant le mot *anhydride* par le mot *acide*. Ex. :

Anhydride carbonique, — acide carbonique.

— sulfureux, — — sulfureux.

Bases. — On nomme les bases *oxydes hydratés.* Cependant on dit :

Potasse, pour oxyde de potassium hydraté.
Soude, — sodium —
Chaux éteinte[1], — calcium —

Sels. — Le nom du sel dérive de celui de l'acide par le changement de *ique* en *ate*, et de *eux* en *ite*. Ex. :

Acide sulfurique, — sulfate de zinc.

— sulfureux, — sulfite de sodium.

TABLEAU RÉSUMÉ DE LA NOMENCLATURE PARLÉE :

CORPS COMPOSÉS	**BINAIRES**	*sans oxygène....*	Terminaison *ure.*	
			Exceptions.	I. Alliages et amalgames.
				II. Acides { chlorhydrique. iodhydrique. sulfhydrique.
		avec oxygène....	Anhydrides. { Terminaisons { *ique. eux.*	
			Oxydes basiques ou neutres.	Protoxyde. Oxyde salin. Sesquioxyde. Bioxyde.
	TERNAIRES	*Acides ternaires...*	Le mot *acide* remplace *anhydride.*	
		Bases....	Oxydes hydratés.	
			Exceptions.	Potasse. Soude. Chaux éteinte, etc.
		Sels ternaires..	Changement de la terminaison *ique* de l'acide en *ate.*	
			Changement de la terminaison *eux* de l'acide en *ite.*	

---

1. On appelle *chaux*, ou mieux *chaux vive*, le protoxyde de calcium; c'est une exception à la nomenclature des corps binaires. Une exception analogue fait appeler *magnésie* l'oxyde de magnésium.

NOMENCLATURE ÉCRITE

22. Nomenclature des corps simples.

On représente chaque corps simple par un *symbole*. On convient que chaque symbole indique en même temps un poids déterminé du corps, qu'on appelle son *poids atomique* et qui a été fourni par l'étude des combinaisons. Les symboles et les poids atomiques des principaux corps simples sont :

Hydrogène,	H	1^{gr}.	Zinc,	Zn	65^{gr}.
Oxygène,	O	16^{gr}.	Aluminium,	Al	27^{gr}.
Azote,	Az	14^{gr}.	Manganèse,	Mn	55^{gr}.
Carbone,	C	12^{gr}.	Fer,	Fe	56^{gr}.
Soufre,	S	32^{gr}.	Nickel,	Ni	58^{gr},5.
Phosphore,	P	31^{gr}.	Plomb,	Pb	206^{gr}.
Chlore,	Cl	35^{gr},5.	Étain,	Sn	117^{gr}.
Iode,	I	127^{gr}.	Cuivre,	Cu	63^{gr}.
Silicium,	Si	28^{gr}.	Mercure,	Hg	200^{gr}.
Potassium,	K	39^{gr}.	Argent,	Ag	108^{gr}.
Sodium,	Na	23^{gr}.	Or,	Au	196^{gr}.
Calcium,	Ca	40^{gr}.	Platine,	Pt	194^{gr}.
Magnésium,	Mg	24^{gr}.			

23. Nomenclature des corps composés.

On les représente par une *formule*, dans laquelle on fait entrer les symboles des corps simples.

I. CORPS BINAIRES

On commence par écrire le symbole de celui des deux corps simples qu'on énonce le dernier.

Exemples : 1° 1 gramme d'hydrogène (poids atomique de l'hydrogène) se combine à 35^{gr},5 de chlore (poids atomique du chlore) et produit 36^{gr},5 d'acide chlorhydrique ; HCl sera la formule de l'acide chlorhydrique, formule qui indique la composition en poids de cet acide.

2° 2 grammes d'hydrogène (deux fois le poids atomique de l'hydrogène) se combinent à 16 grammes d'oxygène (poids atomique de l'oxygène) et produisent 18 grammes d'eau. H^2O est la formule de l'eau.

3° 55 grammes de manganèse et 16 grammes d'oxygène produisent 81 grammes de protoxyde de manganèse, MnO.

55 grammes de manganèse et $16^{gr} \times \dfrac{4}{3}$ d'oxygène produisent $66^{gr}\dfrac{1}{3}$ d'oxyde salin de manganèse, $MnO^{\frac{4}{3}}$, ou, ce qui revient au même, Mn^3O^4.

55 grammes de manganèse et $16^{gr} \times \dfrac{3}{2}$ d'oxygène produisent 79 grammes de sesquioxyde de manganèse, $MnO^{\frac{3}{2}}$, ou Mn^2O^3.

55 grammes de manganèse et $16^{gr} \times 2$ d'oxygène produisent 87 grammes de bioxyde de manganèse, MnO^2.

Certaines formules doivent être bien connues :

Eau,	H^2O.
Anhydride carbonique,	CO^2.
— sulfureux,	SO^2.
— sulfurique,	SO^3.
— azotique,	Az^2O^5.
— phosphorique,	P^2O^5.
Acide chlorhydrique,	HCl.

II. CORPS TERNAIRES

Acides. — Les formules des acides ternaires s'obtiennent en ajoutant les éléments de l'eau aux formules des anhydrides.

Acide carbonique,	CO^2,H^2O	ou CO^3H^2.
— sulfureux,	SO^2,H^2O	ou SO^3H^2.
— sulfurique,	SO^3,H^2O	ou SO^4H^2.
— azotique,	Az^2O^5,H^2O	ou $Az^2O^6H^2$ ou AzO^3H.
— phosphorique,	$P^2O^5,3H^2O$	ou $P^2O^8H^6$ ou PO^4H^3.

Bases. — Pour écrire les formules des bases, nous ajouterons les éléments de l'eau aux formules des oxydes basiques.

Potasse,	K^2O, H^2O	ou $K^2H^2O^2$ ou KOH.
Soude,	Na^2O, H^2O	ou $Na^2H^2O^2$ ou NaOH.
Chaux éteinte,	CaO, H^2O	ou CaO^2H^2.
Protoxyde de fer hydraté,	FeO, H^2O	ou FeO^2H^2.

Sels ternaires. — Parmi les métaux que nous rencontrerons dans ce cours, trois : potassium, sodium, argent, sont tels que, dans leurs sels, le poids atomique du métal remplace le poids atomique de l'hydrogène. Ainsi on aura :

Carbonate de potassium,	CO^3K^2.
Azotate de sodium,	AzO^3Na.
Phosphate d'argent,	PO^4Ag^3.

Pour la plupart des autres métaux, le poids atomique du métal remplace deux fois le poids atomique de l'hydrogène.

Exemples :

Sulfate de zinc, SO^4Zn.

Azotate de zinc ; sa formule dérive de celle de l'acide azotique AzO^3H, en prenant $(AzO^3H)^2$, ce qui donne $(AzO^3)^2Zn$.

24. Réactions.

On peut traduire une réaction par une égalité. On écrit dans le premier membre les corps qui agissent les uns sur les autres, dans le second, les produits obtenus ; la somme des poids des corps obtenus est égale à la somme des poids des corps employés. Prenons comme exemples les réactions que nous avons rencontrées jusqu'ici :

Combustion de l'hydrogène :

$$H^2 + O = H^2O.$$

Préparation de l'hydrogène :

$$SO^4H^2 + Zn = H^2 + SO^4Zn.$$
Acide sulfurique.   Sulfate de zinc.

Combustion du charbon dans l'oxygène :

$$C + O^2 = CO^2.$$

Combustion du soufre dans l'oxygène :

$$S + O^2 = SO^2.$$

Combustion du phosphore dans l'oxygène :

$$P^2 + O^5 = P^2O^5.$$

Combustion du fer dans l'oxygène :

$$Fe^3 + O^4 = Fe^3O^4.$$

Combustion du magnésium dans l'oxygène :

$$Mg + O = MgO.$$

Préparation de l'oxygène :

$$ClO^3K = O^3 + KCl.$$
Chlorate   Chlorure
de potassium.   de potassium.

CHAPITRE VII

LES CHARBONS

Les charbons sont formés d'un corps simple, le carbone, mélangé à des matières diverses. On en connaît des variétés qui sont du carbone presque pur; ce sont le *diamant*, carbone cristallisé, et le *graphite* ou mine de plomb.

On peut obtenir du carbone pur en chauffant très fortement du sucre dans un creuset (*fig.* 26) fermé (*calcination*). Le sucre fond, puis il noircit, en se transformant en caramel; ensuite il se décompose. Il est formé de carbone, hydrogène et oxygène. Des produits gazeux se dégagent et brûlent

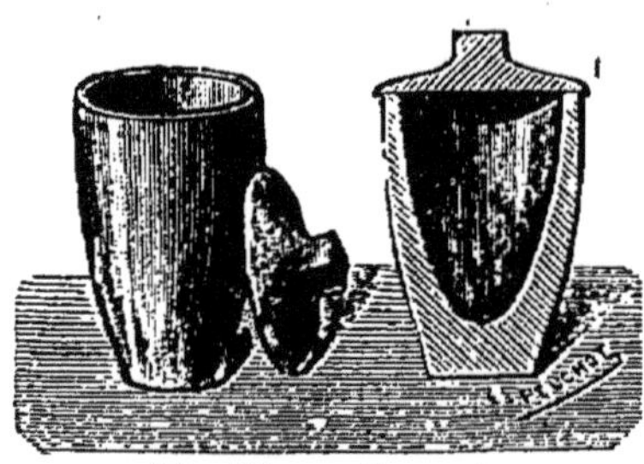

Fig. 26. — Creuset.

avec une flamme blanche, ce sont des carbures d'hydrogène formés aux dépens d'une petite quantité du carbone et de l'hydrogène. La plus grande partie de l'hydrogène, combinée à l'oxygène, brûle en donnant de la vapeur d'eau et il reste presque tout le carbone qui se présente en une masse volumineuse, friable, d'un noir brillant.

25. Caractère du carbone pur.

Le carbone pur brûle dans l'oxygène en produisant du gaz carbonique, sans autres gaz, ni cendres.

26. Principaux charbons.

On divise les charbons en deux catégories :

1° Les charbons naturels :

Diamant.   Houille.
Graphite.   Lignite.
Anthracite.   Tourbe.

2° Les charbons artificiels :

Charbon de sucre.   Braise.
Coke.   Noir de fumée.
Charbon des cornues. Noir animal.
Charbon de bois.

27. Charbons naturels.

I. DIAMANT.

C'est la seule variété de carbone cristallisé. On le trouve dans des sables, au Brésil, au cap de Bonne-Espérance, en Sibérie ; on lave les sables dans un courant d'eau qui entraîne les matières terreuses, plus légères, et laisse les diamants.

On connaît la nature du diamant depuis Lavoisier. Il fixa un diamant à un fil métallique et l'introduisit au milieu d'un

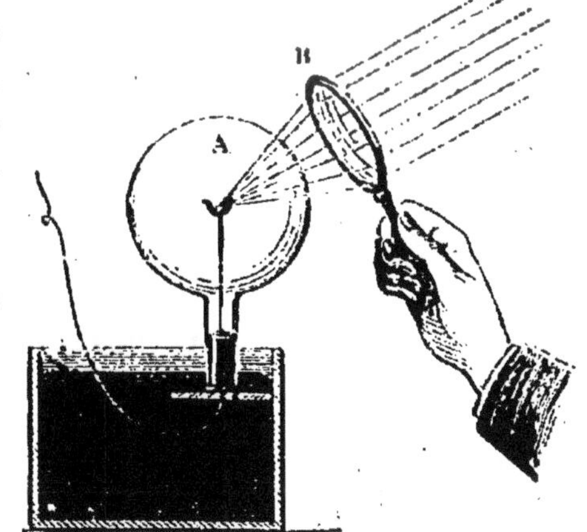

Fig. 27. — Combustion du diamant.
A, diamant ; B, lentille.

ballon plein d'oxygène et retourné sur une cuve à mercure (*fig.* 27). Il le chauffa en concentrant sur lui les rayons solaires à l'aide d'une lentille. Le diamant dispa-

Fig. 28. — Diamant brut.

Fig. 29.
Diamant taillé en rose.

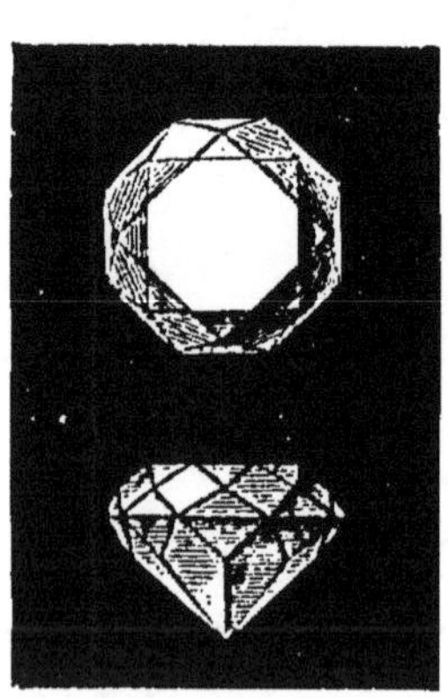

Fig. 30.
Diamant taillé en brillant.

rut en se combinant à l'oxygène qui fut remplacé par du gaz carbonique.

Le diamant est le plus dur des corps connus. Il les raye tous et n'est rayé par aucun d'eux; on ne peut l'user qu'avec sa propre poussière. Un corps dur n'est pas nécessairement un corps qui résiste au choc; ainsi on peut casser le diamant d'un coup de marteau.

Le diamant (*fig.* 28) ne peut être employé comme pierre précieuse qu'après avoir été taillé. La taille y détermine des arêtes vives et des facettes planes; il agit alors sur la lumière et produit ces effets que tout le monde connaît. On l'use et on le polit avec sa poussière ou *égrisée*, appliquée avec un peu d'huile sur une meule en acier. La taille se fait en rose ou en brillant. Dans la rose (*fig.* 29), le diamant est plat par-dessous, et la partie supérieure, qui est bombée, présente une grande quantité de facettes; on enchâsse la base plane dans une monture métallique. Le brillant (*fig.* 30) est retenu par des griffes qui le saisissent sur son pourtour; au-dessous des griffes, les facettes sont réunies pour former une pointe, et la partie supérieure, plane au-dessus, porte aussi des facettes sur les côtés.

La valeur du diamant dépend de sa limpidité et de sa grosseur, une fois qu'il est taillé. On évalue son poids au moyen d'une unité spéciale qui vaut environ un cinquième de gramme, le carat (0^{gr},212). Le Régent, par exemple, pèse 136 carats et vaut aujourd'hui plus de sept millions de francs.

Les usages du diamant sont fondés sur sa dureté. Il sert à tailler les pierres fines, à couper le verre; on en fait des pivots d'horlogerie; on l'emploie quelquefois à percer ou à scier les roches dures, c'est ce qui est arrivé pour le percement du tunnel du mont Cenis.

II. GRAPHITE

Le graphite est un charbon gris d'acier, brillant, facilement rayé, qui laisse, comme le plomb, une trace grise sur les doigts et le papier, d'où son nom de *plombagine* ou *mine de plomb*. On le trouve en Sibérie.

On l'utilise pour faire des crayons, en calcinant un mélange de plombagine finement pulvérisée et d'argile. On l'emploie aussi pour préserver de la rouille les objets de fonte, les fourneaux par exemple; et, mélangé à des matières grasses, il donne le cambouis, qui sert à adoucir les frottements des roues de voitures.

III. ANTHRACITE ET HOUILLE

L'anthracite et la houille sont des charbons noirs à reflets brillants; ils proviennent de la transformation lente, à l'abri de l'air, de débris de végétaux; ces végétaux existaient à une époque très ancienne, et leurs débris entraînés par les eaux courantes, puis déposés dans les lacs ou les embouchures des fleuves, ont été recouverts par des alluvions qui les ont préservés du contact de l'air, ce qui a permis leur carbonisation. L'anthracite, très riche en carbone, est un bon combustible, difficile à allumer, mais ne laissant que peu de cendres. Chauffée à l'air, la houille dégage une fumée épaisse et jaune due en majeure partie à des goudrons, puis elle brûle en produisant du gaz carbonique, et laisse un résidu considérable de cendres. Mais, si on la chauffe à l'abri de l'air, elle

Fig. 31. — Fabrication du gaz d'éclairage. — A, cornue ; B, cylindre horizontal retenant les goudrons.
C, D, E, appareils épurateurs ; F, gazomètre.

laisse dégager de nombreux produits gazeux, plus ou moins volatils, dont quelques-uns constituent, par leur mélange, le gaz d'éclairage.

Fabrication du gaz d'éclairage. — On emploie, pour chauffer la houille, des vases en terre réfractaire ayant la forme de demi-cylindres et appelés *cornues;* on ne les remplit qu'à moitié à cause du boursouflement du charbon (*fig.* 31). Un tube de dégagement conduit les gaz dans un grand cylindre horizontal contenant de l'eau, où les produits les moins volatils se condensent et forment les goudrons. On extrait des goudrons la benzine, le phénol, et des produits variés avec lesquels on fabrique des matières colorantes, par exemple les couleurs d'aniline. D'autres appareils permettent de purifier le gaz d'éclairage et de lui enlever en particulier un gaz, l'*ammoniaque*, dont la dissolution dans l'eau est connue sous le nom d'*alcali volatil*. Le gaz arrive alors dans de grandes cloches renversées sur des réservoirs à eau, les gazomètres, qu'il soulève. Ces cloches sont maintenues par des contrepoids; et, si on ouvre les conduites de dégagement, elles s'abaissent au-dessus du gaz en le pressant. Dans la cornue, il reste du coke, et sur les parois s'est déposé un charbon compact, grisâtre, le charbon des cornues.

IV. LIGNITE

Le lignite a une origine végétale analogue à celle de la houille; mais la transformation a été moins complète; il ne contient que peu de carbone. Une variété de lignite peut être facilement polie et s'emploie en bijouterie sous le nom de *jais* ou *jayet*.

V. TOURBE

La tourbe se forme à la surface du sol, par la décomposition de plantes marécageuses en partie submergées.

On l'exploite en particulier dans le département de la Somme. C'est un mauvais combustible, il donne peu de chaleur et laisse beaucoup de cendres, mais son prix est très peu élevé.

28. Charbons artificiels.

I. CHARBON DE SUCRE

C'est le charbon qu'on prépare dans les laboratoires pour avoir du carbone pur.

II. COKE

Le coke est le résidu de la décomposition de la houille en vase clos. Il est gris, poreux, léger, sans éclat. Il est très utilisé comme combustible; il brûle très vite à cause de sa texture poreuse qui permet l'accès de l'air en un grand nombre de points.

III. CHARBON DES CORNUES

Le charbon des cornues est très bon conducteur de la chaleur et par conséquent difficilement inflammable. En effet, quand un corps combustible est bon conducteur, la chaleur appliquée en un point se répand dans toute la masse, et il lui faut longtemps pour arriver à sa température de combustion. Le charbon des cornues est aussi très bon conducteur de l'électricité; on l'emploie dans la construction des piles et des lampes électriques. Le charbon des cornues est produit à haute température, et c'est un fait général qu'un charbon artificiel conduit d'autant mieux la chaleur et l'électricité que la température à laquelle il a été obtenu est plus élevée.

IV. CHARBON DE BOIS

Le charbon de bois est le produit de la combustion incomplète du bois. Sa propriété la plus importante est d'absorber les gaz, l'ammoniaque par exemple; on le constate en introduisant un morceau de charbon de bois dans une éprouvette remplie d'ammoniaque et retournée sur une cuve à mercure. Il faut avoir soin de chauffer le charbon pour lui faire perdre l'air qu'il contient dans ses pores. On voit le mercure monter rapidement dans

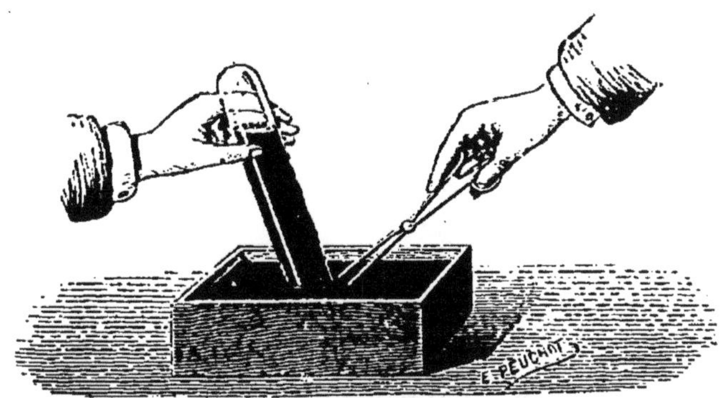

Fig. 32. — Absorption de l'ammoniaque par le charbon de bois.

l'éprouvette, le gaz étant absorbé par le charbon. On peut, en se servant de charbon de bois, purifier l'eau des mares. On introduit dans l'eau un tonneau dont le fond est percé de petits trous. On y dispose des couches alternatives de charbon et de sable; le charbon absorbe les gaz provenant de la putréfaction, et le sable retient les débris solides en suspension. L'eau qui arrive à la partie supérieure du tonneau est à peu près potable. On construit des filtres à charbon de bois pour enlever à l'eau les gaz qui la rendent infecte, mais ce mode de filtration ne débarrasse pas l'eau des germes de maladies contagieuses. On peut désinfecter les fosses d'aisances en y projetant du poussier de charbon de bois qui absorbe les gaz nuisibles.

Le charbon de bois entre dans la composition de la poudre; on fabrique pour cet usage un charbon très facilement inflammable obtenu au moyen de bois légers, tels que ceux du saule, du peuplier, etc.

Fabrication du charbon de bois. — On fabrique le charbon de bois par deux procédés.

1° *Procédé des meules.* — Il s'emploie dans les forêts afin d'éviter le transport du bois. On range sur une aire plane des morceaux de bois serrés tout autour d'une sorte de cheminée formée par des bûches verticales. On couvre la meule (*fig.* 33) de mousse et de terre, pour empêcher l'accès de l'air. On jette dans la cheminée des branchages allumés. Le bois brûle incomplètement, la combustion gagne de l'intérieur à l'extérieur. La fumée, d'abord épaisse et noire, devient claire et bleuâtre, quand

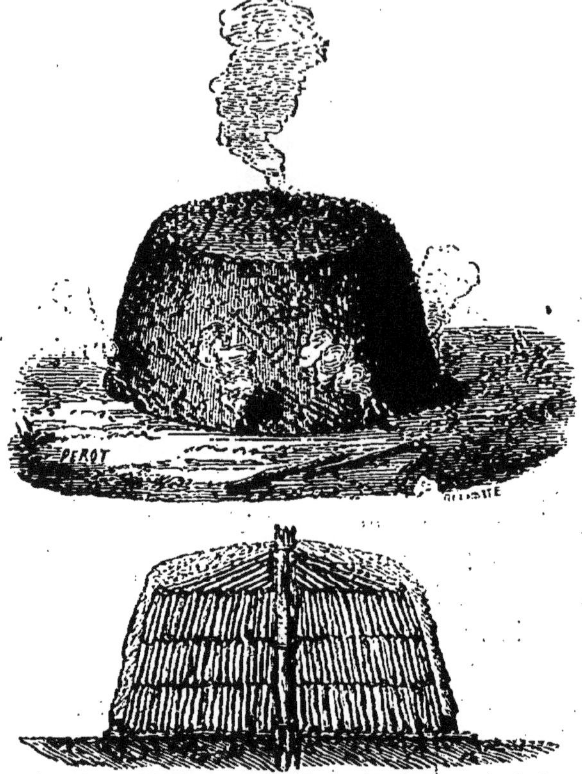

Fig. 33. — Meule pour fabriquer le charbon de bois.

la transformation du bois en charbon est terminée au centre. A ce moment, on bouche la cheminée et on débouche les évents, ouvertures qu'on avait ménagées à la partie inférieure de la meule. On arrête encore l'opération quand la fumée qui sort des évents est bleuâtre; on bouche ces derniers et on laisse refroidir. Ce procédé est peu coûteux, mais il ne donne que 17 à 18 p. 100 de charbon. De plus, on perd des produits volatils tels que les goudrons, l'esprit de bois, le vinaigre de bois.

2° *Procédé des cornues.* — Dans le procédé des cornues, on recueille, au contraire, tous les produits volatils et le rendement en charbon est d'environ 27 p. 100. Malgré ces avantages, ce procédé est moins économique que le précédent. Le bois est chauffé dans une cornue fermée; les gaz dégagés sont amenés par un tube dans un récipient refroidi où ils se condensent en partie.

V. BRAISE

La braise est une variété de charbon de bois qui provient des branchages employés pour chauffer les fours des boulangers. Comme elle a été produite à haute température, elle conduit bien l'électricité, et on l'emploie pour mettre les tiges des paratonnerres en communication avec le sol.

VI. NOIR DE FUMÉE

On appelle noir de fumée les particules de charbon que les flammes tiennent en suspension et auxquelles elles doivent leur pouvoir éclairant. Ce charbon se dépose, en une poudre très fine, sur les verres de lampe, les fumivores, etc., qu'il noircit; il forme la suie des cheminées. On l'obtient toutes les fois que des substances combustibles, riches en carbone, telles que les huiles, les résines, les essences, brûlent incomplètement. Ecrasons avec une soucoupe ou un papier fort la flamme d'une bougie, il se fait un dépôt abondant de noir de fumée.

Dans l'industrie (*fig.* 34), on prépare le noir de fumée en brûlant des résines dans un espace restreint. La fumée épaisse qui se dégage passe dans une vaste chambre cylindrique tendue de toile, et dont le toit, de forme conique, présente une ouverture pour la sortie des gaz dus à la combustion. Le noir de fumée se dépose sur les toiles et on le fait tomber au moyen d'un cône mobile engagé dans la toiture et dont le bord inférieur s'applique exactement contre la paroi de la chambre.

Fig. 34. — Fabrication du noir de fumée.

Le noir de fumée est employé pour la fabrication de l'encre d'imprimerie, de l'encre dite *de Chine*, du cirage, des crayons à dessin et de certaines couleurs noires.

VII. NOIR ANIMAL

C'est le charbon obtenu par la calcination des os dans un creuset fermé pour empêcher l'accès de l'air. Les os sont formés d'une matière organique incrustée de matières minérales, surtout de carbonate et de phosphate de calcium. Quand on chauffe fortement un os à l'air, la matière organique composée de carbone, hydrogène, oxygène et azote, est détruite; le carbone devient du gaz carbonique, l'hydrogène et l'oxygène, de la vapeur d'eau, et l'azote se dégage; on retrouve un corps blanc, poreux, léger, friable, ayant même forme que l'os primitif et composé seulement des sels minéraux. Au contraire, en opérant à l'abri de l'air, la combustion est incomplète, le carbone ne brûle pas et il imprègne les matières minérales. Le corps obtenu est poreux, il a toujours la forme de l'os, mais il est noir. On le concasse en fragments qui constituent le noir animal; il ne renferme guère que 10 p. 100 de son poids de carbone.

Les applications du noir animal sont dues au carbone qu'il contient. Il est surtout employé pour décolorer les jus sucrés de betterave et de canne à sucre. On peut mettre en évidence ce pouvoir décolorant en agitant avec du noir animal du vin ou de la teinture de tournesol; la bouillie obtenue est jetée sur un filtre (*fig. 35*) qui laisse passer un liquide incolore. La matière colorante est absorbée mais elle n'est pas détruite; ainsi décolorons la teinture alcoolique de *fuchsine* (couleur préparée avec les goudrons de houille),

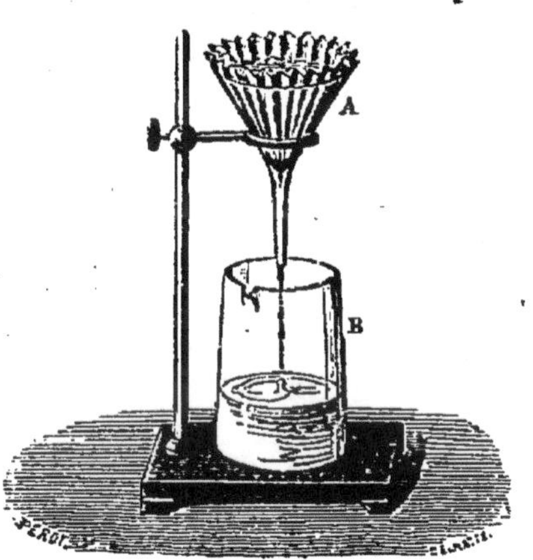

Fig. 35.
Décoloration par le noir animal.

qui est d'un beau rouge, puis versons de l'alcool sur le noir animal qui a servi à la décolorer. L'alcool se colore en rouge en dissolvant de nouveau la fuchsine.

CHAPITRE VIII

ANHYDRIDE OU GAZ CARBONIQUE, CO_2
ACIDE CARBONIQUE, CO_3H_2.

29. Caractères du gaz carbonique.

1° Le gaz carbonique trouble l'eau de chaux ;

2° Comme l'azote, il n'entretient ni la respiration, ni la combustion ; une bougie allumée s'éteint si on l'introduit dans une éprouvette de ce gaz.

30. Propriétés du gaz carbonique.

I. DENSITÉ

Le gaz carbonique est plus lourd que l'air. On le montre par plusieurs expériences :

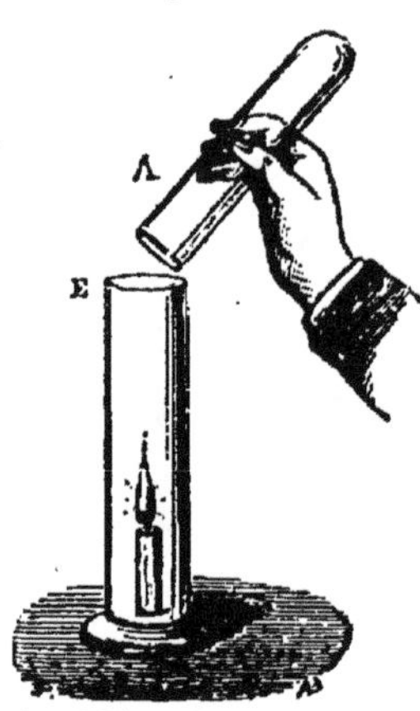

Fig. 36. — Le gaz carbonique tombe sur la bougie et l'éteint.

1° Plaçons une bougie allumée au fond d'une éprouvette à pied, et inclinons au-dessus une éprouvette pleine de gaz carbonique (*fig.* 36), le gaz tombe sur la flamme et l'éteint ;

2° Nous remplissons de gaz carbonique une large éprouvette, puis nous la retournons ; nous gonflons d'air une bulle de savon, et nous l'abandonnons au-dessus de l'éprouvette ; elle tombe, puis rebondit quand elle rencontre la couche de gaz carbonique.

Il résulte de cette grande densité que le gaz carbonique dégagé de certaines fissures du sol reste accumulé à sa surface. C'est ce qui arrive dans la *grotte du chien*, près de Naples ; un homme y respire librement, mais un chien ou un animal de petite taille qu'on y fait entrer est plongé tout entier dans la couche de gaz carbonique, et meurt si on le laisse y séjourner quelque temps.

II. DISSOLUTION DANS L'EAU

Le gaz carbonique existe à l'état de dissolution dans certains liquides tels que l'eau de Seltz, le cidre mousseux, le vin de Champagne, qui lui doivent leur saveur aigrelette. Il ne se dissout dans l'eau en quantité notable que s'il est fortement comprimé; aussi doit-on employer,

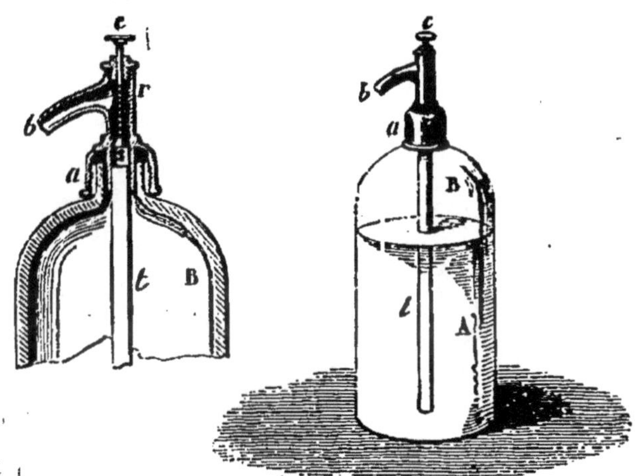

Fig. 37. — Flacon d'eau de Seltz. — *t*, tube par lequel monte le liquide A sous la pression du gaz carbonique B; *s*, soupape conique qui ferme le tube *t* et qu'on abaisse au moyen du bouton *c*; *r*, ressort agissant de bas en haut sur la soupape pour la faire remonter.

pour conserver ces liquides, des flacons très solides et très fortement bouchés. Lorsqu'on débouche une bouteille de vin de Champagne, le gaz s'échappe en partie et fait mousser le liquide. Le même fait se produit avec l'eau de Seltz, au moment où on établit, au moyen d'un dispositif quelconque, la communication de l'air avec l'atmosphère intérieure du flacon; la pression du gaz fait monter l'eau dans le tube central (*fig.* 37).

Le gaz carbonique, dissous par l'eau de pluie, joue un

rôle important au point de vue géologique. Recommençons l'expérience qui permet de caractériser le gaz carbonique; dans un verre contenant de l'eau de chaux, nous faisons plonger le tube abducteur de l'appareil qui sert à préparer le gaz carbonique; l'eau de chaux se trouble

Fig. 38. — Stalactites et stalagmites.

d'abord, il s'est formé du carbonate de calcium, insoluble dans l'eau. Continuons l'expérience, le liquide redevient limpide; donc le calcaire est soluble dans l'eau chargée de gaz carbonique. On comprend ainsi que l'eau de pluie, après avoir dissous le gaz carbonique en traversant l'air, puisse dissoudre les calcaires du sol. Quand cette eau revient à la surface, elle perd du gaz carbonique qui se dégage; le calcaire, redevenu insoluble, se dépose; s'il est abondant, il donne lieu aux incrustations que forment les sources pétrifiantes sur les objets qu'on y plonge, aux stalactites et stalagmites (*fig.* 38). C'est à cause du dégagement de gaz carbonique qu'une eau chargée de calcaire se trouble quand on la fait bouillir; quand on fait journellement chauffer de l'eau dans un même appareil, le dépôt de carbonate de calcium produit, en s'accumulant, une véritable incrustation pierreuse (bain-marie, chaudières de machines à vapeur).

III. ACIDE CARBONIQUE

La dissolution du gaz carbonique colore la teinture bleue de tournesol en rouge vineux; cette action est produite par l'acide carbonique résultant de la combinaison du gaz carbonique et de l'eau

$$CO^2 + H^2O = CO^3H^2.$$

On n'a pas réussi encore à préparer la combinaison CO^3H^2, mais on connaît les sels qui y correspondent, par exemple le carbonate de potassium CO^3K^2.

31. Préparation du gaz carbonique.

1° Nous avons vu qu'on obtient le gaz carbonique en brûlant du charbon dans l'air ou dans l'oxygène : ce procédé n'est pratiqué que dans l'industrie;

2° Si on verse un acide sur du calcaire, le gaz carbonique se dégage avec une sorte de bouillonnement qu'on appelle *effervescence*. On utilise cette réaction pour le préparer. On fait agir sur la craie ou le marbre blanc, cassés en petits fragments, l'acide chlorhydrique additionné d'eau; le calcium se substitue à l'hydrogène de l'acide pour former du chlorure de calcium, soluble dans l'eau :

$$CO^3Ca + 2HCl = CO^2 + CaCl^2 + H^2O.$$

L'appareil dans lequel on effectue cette réaction est identique à celui qui a servi à la préparation de l'hydrogène (*fig.* 39).

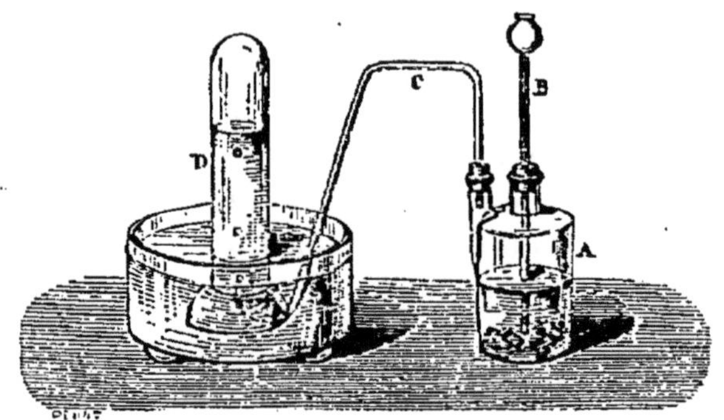

Fig. 39. — Préparation du gaz carbonique.

Dans l'industrie, pour la fabrication de l'eau de Seltz, on emploie la craie et l'acide sulfurique qui sont tous deux d'un prix peu élevé. Il se forme alors du sulfate de calcium :

$$CO^3Ca + SO^4H^2 = CO^2 + SO^4Ca + H^2O.$$

Le sulfate de calcium (plâtre) est insoluble dans l'eau, il se dépose sur la craie et la préserve de l'action de l'acide ; le dégagement de gaz cesserait si l'on n'agitait constamment pour empêcher le dépôt.

CHAPITRE IX

OXYDE DE CARBONE, CO

32. Caractère de l'oxyde de carbone.

L'oxyde de carbone est un gaz qui brûle avec une flamme bleue et produit du gaz carbonique

$$CO + O = CO^2.$$

On le constate en enflammant l'oxyde de carbone contenu dans une éprouvette; la combustion terminée, si on verse de l'eau de chaux dans l'éprouvette, le liquide se trouble.

33. Propriétés de l'oxyde de carbone.

I. COMBINAISON A L'OXYGÈNE

L'oxyde de carbone a pour principale propriété de s'unir facilement à l'oxygène, propriété qui nous a déjà permis de le caractériser. Il peut détruire des composés oxygénés, par exemple, les oxydes métalliques, tels que les oxydes de fer, en leur enlevant l'oxygène. On dit qu'il les ramène ou *réduit* à l'état métallique et qu'il est *réducteur*. Prenons, par exemple, le sesquioxyde de fer Fe^2O^3 :

$$Fe^2O^3 + 3CO = Fe^2 + 3CO^2.$$

Inversement, quand un courant de gaz carbonique passe sur des charbons chauffés au rouge, on recueille de l'oxyde de carbone :

$$CO^2 + C = 2CO.$$

L'expérience se fait en plaçant des morceaux de charbon de bois dans un tube de grès; ce tube est chauffé sur toute sa surface extérieure au moyen de charbons rouges disposés dans un fourneau en terre muni d'un dôme (fourneau à reverbère) [*fig.* 40]. — Les deux extrémités

Fig. 40. — Préparation de l'oxyde de carbone.

du tube sortent du fourneau et sont munies de bouchons; l'une est traversée par le tube de dégagement d'un appareil producteur de gaz carbonique; l'autre, par un tube abducteur aboutissant sous une éprouvette dressée sur la cuve à eau et dans laquelle on recueille l'oxyde de carbone.

Les deux réactions inverses dont nous venons de parler :

$$CO + O = CO^2$$
$$CO^2 + C = 2CO$$

se produisent simultanément dans les foyers. Le charbon placé sur la grille reçoit directement l'air qui arrive dans la cheminée et brûle avec production de gaz carbonique; si ce dernier traversé une couche de charbons rouges, il se décompose en donnant de l'oxyde de carbone qu'on voit brûler avec la flamme bleue caractéristique de ce gaz.

L'industrie utilise ces deux réactions pour obtenir des

métaux que l'on trouve dans la nature à l'état d'oxydes. C'est ce qui a lieu en particulier pour le fer dans les hauts fourneaux.

Haut fourneau. — Un haut fourneau (*fig.* 41) est une grande cheminée en briques réfractaires, présentant à sa base des ouvertures par lesquelles on envoie des courants d'air pour activer la combustion. On verse par la partie supérieure du charbon bien allumé, puis des couches alternatives de minerai et de charbon. Le charbon brûle; le gaz carbonique formé passe sur des charbons rouges et devient de l'oxyde de carbone. Celui-ci traverse le minerai auquel il prend de l'oxygène et se transforme en gaz carbonique, qui à son tour redevient de l'oxyde de carbone en traversant une couche de charbon, etc. — Le fer

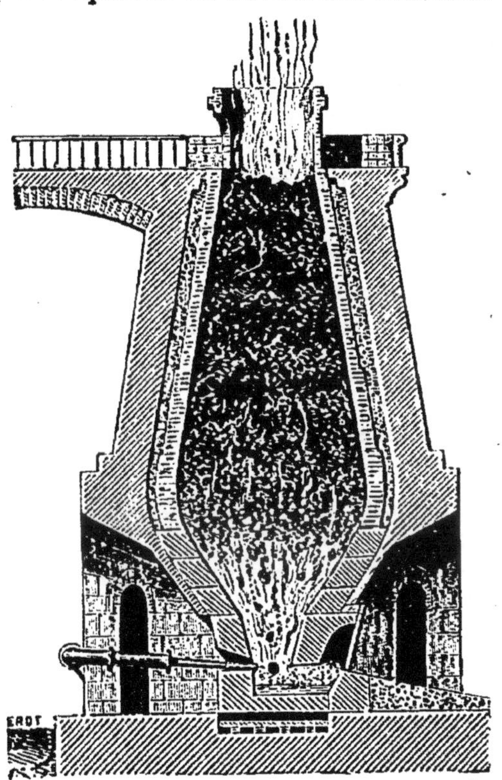

Fig. 41. — Haut fourneau. — A, tuyère par laquelle on envoie de l'air dans le haut fourneau.

est libre; seulement une petite quantité de charbon se combine au fer, et le corps obtenu n'est pas du fer pur mais un carbure de fer, plus fusible que le fer, la *fonte de fer.*

II. ACTION DÉLÉTÈRE

L'oxyde de carbone est un poison violent. Les globules du sang chargés d'oxyde de carbone ne peuvent plus absorber d'oxygène, et la mort arrive. Ce gaz est d'autant plus dangereux qu'il n'a pas d'odeur; on n'est averti de sa présence que par ses effets, maux de tête, bourdonnements, vertiges. Le gaz carbonique, lui aussi, peut amener la mort; mais son action est toute différente de celle de l'oxyde de carbone; ce n'est pas un poison; il occasionne la mort, seulement par privation d'oxygène, et sans souffrances. Le sang chargé de gaz carbonique peut le perdre facilement; il suffit de transporter en plein air une personne asphyxiée par le gaz carbonique seul, pour que l'asphyxie cesse. Mais si le gaz carbonique est mélangé d'oxyde de carbone comme c'est presque toujours le cas, ce dernier gaz reste fixé sur les globules, et ne peut être remplacé par de l'oxygène; la mort survient par empoisonnement.

On comprend les dangers auxquels on s'expose en fermant presque complètement les clefs des poêles pour en diminuer le tirage; l'oxyde de carbone, qui peut être très abondant si les poêles ont une forte charge de charbon, ne peut se dégager par la cheminée, et il se répand dans l'appartement. Les poêles de fonte sont particulièrement dangereux sous ce rapport, la fonte est poreuse et laisse passer les gaz, surtout quand elle est rouge.

CHAPITRE X

SOUFRE, S

Le soufre est un corps solide, jaune clair, qu'on trouve dans le commerce soit en bâtons (soufre en canons), soit en poudre (fleur de soufre).

34. Propriétés du soufre.

I. CONDUCTIBILITÉ POUR LA CHALEUR

Le soufre est mauvais conducteur de la chaleur. Quand on en prend un bâton dans la main, on entend des crépitements appelés *cris du soufre;* la chaleur, communiquée par la main, reste à la surface; les molécules extérieures se dilatent, se séparent des molécules internes, et les crépitements sont dus à la rupture ainsi produite. Si on trempe le bâton dans l'eau chaude, le bruit est plus intense, et le morceau de soufre peut se diviser en fragments.

II. FUSION

Chauffons du soufre dans un ballon, il fond; le liquide obtenu est jaune clair; mais il prend une couleur rouge brun de plus en plus foncée à mesure qu'on chauffe; en même temps, il s'épaissit, et devient si pâteux qu'on peut retourner le ballon sans le faire écouler. En continuant à chauffer, il redevient liquide tout en gardant sa couleur rouge; et, si la température s'élève suffisamment, il se vaporise. Quand on le laisse refroidir, il repasse, en sens inverse, par tous les états qu'il avait pris sous l'action de la chaleur. La fusion du soufre se présente d'une manière toute spéciale. La plupart des corps passent directement de l'état solide à l'état liquide, telle est la glace; des gouttelettes d'eau apparaissent à la surface de la glace, et le phénomène se continue jusqu'à fusion complète; les autres corps, comme la cire, passent par un état intermédiaire entre l'état solide et l'état liquide, qu'on appelle état pâteux. Le soufre devient pâteux après avoir été liquide et redevient liquide ensuite; il ne rentre donc ni dans la première, ni dans la seconde catégorie.

III. SOUFRE MOU

Quand le soufre est redevenu liquide, si on le fait tomber lentement dans l'eau froide, en déplaçant le ballon pour que tout ne tombe pas à la même place, le soufre se solidifie sous forme de filaments élastiques, constituant le *soufre mou*. Celui-ci durcit et perd peu à peu son élasticité.

IV. CRISTALLISATION DU SOUFRE

Faisons fondre du soufre dans un creuset, fermé pour empêcher l'accès de l'air; le soufre, fortement chauffé, brûlerait à l'air, en produisant du gaz sulfureux. Quand le soufre est complètement fondu, laissons refroidir le creuset jusqu'à ce que la surface du liquide soit solidifiée; perçons de deux trous la croûte formée; par l'un d'eux, faisons écouler le soufre resté liquide, l'autre donnant accès à l'air extérieur. Si alors nous enlevons la croûte, nous verrons que le soufre s'est solidifié en nombreuses aiguilles dirigées des parois du creuset vers l'intérieur; ces aiguilles sont du soufre cristallisé.

Il existe une autre forme de cristaux de soufre. Pour les obtenir, versons sur du soufre placé dans une soucoupe, un liquide jaune, d'odeur désagréable, le sulfure de carbone. Nous employons le sulfure de carbone parce que ce corps est le meilleur dissolvant du soufre. Couvrons la soucoupe pendant que s'effectue la dissolution, pour empêcher l'évaporation du liquide qui est très volatil; puis découvrons, quand le soufre est complètement dissous. Le sulfure de carbone s'évapore et le soufre se dépose en petits cristaux, sur certains desquels on peut nettement distinguer huit faces.

V. COMBUSTION DU SOUFRE DANS L'OXYGÈNE

Le soufre brûle dans l'oxygène ou dans l'air, avec une flamme bleuâtre, en produisant du gaz sulfureux reconnaissable à son odeur.

VI. COMBINAISONS AVEC LES MÉTAUX

Le soufre se combine avec les métaux pour former des sulfures. Beaucoup de sulfures se trouvent dans le sol et servent souvent à l'extraction des métaux qu'ils contiennent.

Combinaison avec le fer. — Chauffons dans une coupelle un mélange de fleur de soufre et de limaille de fer humecté d'eau. (La limaille est du fer en parcelles très petites, obtenues dans le travail du fer à la lime.) La combinaison se fait avec incandescence, et il y a formation de sulfure de fer, corps solide de couleur brune.

Combinaison avec le cuivre. — Tassons dans un petit tube de verre fermé à une extrémité (tube à essai) de la fleur de soufre et des copeaux de cuivre, et chauffons. La combinaison se produit encore avec incandescence, et, si on casse le tube, on voit que les copeaux sont couverts d'une couche noire de sulfure de cuivre.

35. Usages du soufre.

Le soufre sert dans la fabrication des allumettes et de la poudre de guerre. Il permet d'utiliser le caoutchouc; ce corps, sécrété par certains végétaux, durcit à l'air, et, sous l'influence de la chaleur, il se ramollit; on évite cet inconvénient en y incorporant du soufre. On emploie le soufre en pommades pour combattre les maladies de peau et en pastilles pour la gorge. On projette de la fleur de soufre sur les vignes attaquées par l'*oïdium*, champignon microscopique qui détruit les feuilles.

26. Extraction du soufre.

Dans les pays volcaniques, on trouve à la surface du sol du soufre mélangé de matières terreuses, comme aux environs de Naples (soufrières). Le soufre existe aussi en masses compactes dans l'intérieur de la terre, comme en Sicile. Pour extraire le soufre, il suffit de le séparer des matières terreuses. On opère par fusion ou par distillation.

1° **Par fusion.** — On dispose le minerai de soufre sur des surfaces circulaires, inclinées et limitées par des murs en maçonnerie. On entasse les morceaux de façon

Fig. 42. — Extraction du soufre par fusion.

à former une meule (*fig.* 42) soutenue par la maçonnerie et dans laquelle on ménage plusieurs cheminées verticales. On recouvre la meule de terre pour empêcher l'accès de l'air, et, par les ouvertures, on jette des branchages allumés. Une partie du soufre s'enflamme, et la chaleur dégagée par la combustion suffit pour fondre le reste; il s'écoule sur la surface inclinée et tombe dans un réservoir où il se solidifie.

Ce procédé a l'inconvénient de perdre une partie du soufre; il a l'avantage d'exiger très peu de combustible et de s'exécuter sur place. On l'emploie en Sicile où le minerai est abondant, le combustible rare et les communications difficiles.

2° Par distillation. — Le minerai, placé dans des pots en terre réfractaire, est chauffé dans un four à une température suffisante pour que le soufre passe à l'état de

Fig. 13. — Extraction du soufre par distillation. — V, vases dans lesquels on place le minerai de soufre; B, vases dans lesquels se condense le soufre; S, vase dans lequel s'écoule par la tubulure *t* le soufre fondu.

vapeur (*fig.* 43). La vapeur se dégage par des tubulures latérales, dans des vases semblables, placés hors du four; elle se condense, puis se solidifie. Cette méthode, employée à Naples, exige du combustible, mais évite la perte d'une partie du soufre; on l'utilise pour les minerais pauvres.

Le soufre, obtenu par l'un ou l'autre de ces procédés, est impur; d'autres substances sont entraînées en même temps que le soufre. On le raffine à Marseille.

RAFFINAGE DU SOUFRE

On chauffe le soufre pour qu'il se vaporise, et l'on condense brusquement la vapeur au contact des parois froides d'une grande chambre (*fig.* 44). C'est la fleur de soufre qui se dépose sur les murs et abandonne la chaleur qu'il avait fallu fournir au soufre pour le faire passer de l'état solide à l'état gazeux. Les parois s'échauffent, la vapeur se condense alors à l'état liquide. Le soufre s'amasse à la partie inférieure de la chambre;

Fig. 41. — Raffinage du soufre. — A, chaudière chauffée directement par le foyer; B, chaudière dans laquelle fond le soufre brut; T, tuyau de communication des deux chaudières; C, fleur de soufre; S, soupape; M, vis fermant la porte par laquelle le soufre liquide s'écoule dans la chaudière latérale avant d'être versé dans des moules.

on le coule dans des moules cylindriques où il prend la forme de bâtons (canons). Si on arrête l'opération à temps, on peut recueillir la fleur de soufre; quand on veut pénétrer dans la chambre, fortement échauffée, et qui contient un peu de gaz sulfureux, on arrête l'arrivée du soufre, et on détermine un courant d'air, en ouvrant

la porte et une soupape ménagée en haut de la chambre.
Pour chauffer le soufre, on emploie deux chaudières
dont l'une est chauffée directement par le foyer. Elle
reçoit le soufre liquide provenant de la deuxième chaudière placée plus haut et chauffée seulement par les gaz
du foyer qui ont déjà passé autour de la première. Le
soufre brut est introduit dans la chaudière supérieure;
on peut ouvrir celle-ci pour y ajouter une nouvelle quantité de soufre, sans crainte d'enflammer ce corps et de le
transformer en gaz sulfureux.

CHAPITRE XI

ANHYDRIDE OU GAZ SULFUREUX, SO^2
ACIDE SULFUREUX, SO^3H^2

37. Caractère du gaz sulfureux.

Le gaz sulfureux se reconnaît à son odeur suffocante.

38. Propriétés du gaz sulfureux.

I. POUVOIR DÉCOLORANT

Le gaz sulfureux absorbe les matières colorantes organiques. Plaçons des violettes au-dessus de soufre qui brûle (*fig.* 45), elles sont décolorées ; mais la matière colorante n'est pas détruite. En effet, si on met dans un verre les violettes décolorées, dans un autre des violettes intactes, et qu'on verse dans les deux verres une dissolution d'ammoniaque, toutes les violettes verdissent ; l'ammoniaque a enlevé le gaz sulfureux des violettes décolorées, et a ensuite agi sur celles-ci comme sur les violettes intactes.

Fig. 45. — Décoloration d'une violette par le gaz sulfureux.

Cette propriété décolorante permet d'enlever les taches de vin ou de fruits rouges sur des étoffes blanches. Pour cela, enroulons un papier en forme de tronc de cône, et plaçons-le de façon à ce que sa grande base entoure une coupelle contenant du soufre enflammé. Étendons sur la petite base la partie tachée que nous avons mouillée : le gaz se dissout dans l'eau et enlève la matière colorante. Nous lavons ensuite à grande eau, car le gaz sulfureux, dissous dans l'eau, se combine avec elle pour former l'acide sulfureux ; et ce dernier, exposé à l'air, se transforme, en s'unissant à l'oxygène, en acide sulfurique qui rongerait le tissu.

Ce procédé est appliqué en grand dans l'industrie, au blanchiment des étoffes de laine et de soie, des plumes, de la paille. On opère alors dans de vastes chambres dans lesquelles brûle du soufre, placé sur des plaques de tôle.

II. LE GAZ SULFUREUX N'ENTRETIENT PAS LES COMBUSTIONS

Le gaz sulfureux éteint les corps enflammés ; on l'emploie pour combattre les feux de cheminée, on jette du soufre sur le foyer, on abaisse le tablier dont on ferme l'ouverture à l'aide de linges mouillés. Le soufre qui brûle produit du gaz sulfureux ; ce gaz ne trouve d'issue que par la cheminée, dans laquelle il s'élève, et il éteint la suie enflammée.

III. PROPRIÉTÉS ANTISEPTIQUES

Le gaz sulfureux est un antiseptique, on l'emploie pour assainir les appartements où ont séjourné des malades atteints de maladies contagieuses. C'est aussi pour détruire les microbes qui altéreraient le vin qu'on brûle dans les tonneaux des mèches soufrées.

IV. ACIDE SULFUREUX

La dissolution du gaz sulfureux dans l'eau colore la teinture bleue de tournesol en rouge cuivre : cette action est due à l'acide sulfureux, résultat de la combinaison du gaz sulfureux et de l'eau :

$$SO^2 + H^2O = SO^3H^2.$$

On n'a pas isolé le composé SO^3H^2, mais on connaît les sels qui lui correspondent. Ex. : sulfite de potassium : SO^3K^2.

CHAPITRE XII

PHOSPHORE

Le phosphore est un corps solide, translucide, d'un blanc rosé, qui répand des lueurs dans l'obscurité, d'où son nom de phosphore (porte-lumière).

39. Propriétés du phosphore.

Le phosphore est mou, on peut le couper au couteau. C'est un poison violent.

I. COMBUSTION DU PHOSPHORE DANS L'OXYGÈNE

La principale propriété du phosphore est de se combiner facilement à l'oxygène ; en s'oxydant, il s'altère à l'air ; aussi le conserve-t-on dans des flacons pleins d'eau. Son oxydation lente dégage de la chaleur, il peut arriver facilement à sa température de combustion (60 degrés) et s'enflammer ; il suffit pour cela de la chaleur des mains, du frottement d'un couteau ; on doit toujours le manier et le couper sous l'eau.

Nous avons vu que l'oxydation du phosphore est utilisée pour analyser l'air, pour extraire l'azote de l'air. Il y a formation d'anhydride phosphoreux dans la combustion lente, d'anhydride phosphorique dans la combustion vive. La combustion lente du phosphore produit le phénomène de la phosphorescence.

L'expérience suivante montre la facile inflammabilité du phosphore dans l'air ; on dissout du phosphore dans du sulfure de carbone ; on trempe un papier à filtre dans la dissolution et on expose le papier à l'air. Le liquide s'évapore et le phosphore très divisé prend feu et enflamme le papier.

II. PHOSPHORE ROUGE

Lorsque le phosphore est placé à la lumière, il se transforme à la surface en une variété de phosphore qu'on appelle *phosphore rouge*, le phosphore ordinaire portant par opposition le nom de *phosphore blanc*. — Le phosphore blanc se transforme complètement en phosphore rouge quand on le maintient en vase fermé à une haute température. Le phosphore rouge obtenu a des propriétés différentes de celles du phosphore blanc; il n'est pas soluble dans le sulfure de carbone; il n'est pas vénéneux; il ne s'oxyde pas à l'air à la température ordinaire, donc il n'est pas phosphorescent et on peut le manier sans danger d'inflammation. Ses propriétés le font préférer au phosphore blanc dans les applications.

40. Usages du phosphore.

Le phosphore sert à la fabrication des allumettes. Elles sont de deux sortes : 1° celles qui s'enflamment par frottement sur un corps quelconque; 2° celles qui ne s'enflamment qu'au moyen d'un frottoir spécial. Pour fabriquer les premières, on découpe des baguettes de bois dont on plonge une extrémité dans du soufre fondu. Puis on roule les extrémités soufrées des baguettes dans une pâte composée de phosphore blanc, de sable, de colle et d'une matière colorante. Le frottement qu'on exerce sur l'allumette pour l'allumer enflamme le phosphore; la chaleur due à la formation de l'anhydride phosphorique est suffisante pour enflammer le soufre, et la chaleur dégagée par la formation du gaz sulfureux enflamme le bois. Le phosphore brûle si vite que le bois ne pourrait brûler sans l'intermédiaire du soufre.

Les autres allumettes diffèrent surtout des premières par l'emploi du phosphore rouge au lieu du phosphore ordinaire. Mais, comme le phosphore rouge s'enflamme difficilement, on facilite sa combustion en lui ajoutant du chlorate de potassium qui fournit de l'oxygène. Le phosphore est appliqué sur le frottoir, le chlorate de potassium sur l'allumette.

41. Extraction du phosphore.

Le phosphore s'extrait des os après qu'on les a calcinés à l'air ; on pulvérise les os calcinés et on obtient une poudre dite *cendre d'os*, qui est formée de carbonate et de phosphate de calcium. Cette poudre est traitée par l'acide sulfurique ; il se produit deux réactions :

1° Le gaz carbonique du carbonate de calcium se dégage, et du sulfate de calcium insoluble se dépose

$$CO^3Ca + SO^4H^2 = CO^2 + SO^4Ca + H^2O.$$

2° Les deux tiers du calcium du phosphate forment avec

Fig. 46. — Extraction du phosphore. — B, cornues contenant le mélange de phosphate de calcium et de charbon ; C, tubes de dégagement du phosphore ; R, récipients refroidis.

l'acide sulfurique du sulfate insoluble ; il reste en dissolution un corps qui est encore un phosphate de calcium, mais un phosphate contenant pour la même quantité de phosphore et d'oxygène trois fois moins de calcium que

le premier. On recueille le liquide limpide, on le fait évaporer jusqu'à ce qu'il ait la consistance d'un sirop. On
chauffe avec du charbon ; le phosphate primitif se reforme,
réaction qui nécessite seulement un tiers du phosphore et
en isole les deux tiers, combinés à de l'oxygène ; le charbon prend cet oxygène pour former de l'oxyde de carbone
et le phosphore est libre.

On opère à l'abri de l'air pour éviter l'inflammation du
phosphore ; ce corps se dégage en vapeurs qu'on fait arriver dans de l'eau froide (*fig.* 46). Pour le purifier, on le
met dans une peau de chamois, on le fait fondre dans
l'eau tiède ; on presse la peau ; le phosphore liquide traverse les pores, et coule dans des moules où il se solidifie.

CHAPITRE XIII

CHLORE, Cl

42. Caractère du chlore.

Le chlore est un gaz reconnaissable à sa couleur jaune verdâtre (*chloros*, vert) et à son odeur désagréable.

43. Propriétés du chlore.

I. ACTION SUR L'ORGANISME

Il attaque les organes de la respiration, détermine une toux qui peut être suivie de crachements de sang et même de mort ; son contrepoison est le lait.

II. SOLUBILITÉ

Le chlore est très soluble dans l'eau ; il est souvent commode d'employer sa dissolution ou *eau de chlore*, à la place du chlore gazeux.

Fig. 47.
Combustion de l'arsenic dans le chlore.

III. COMBUSTIONS DANS LE CHLORE

Le chlore se combine à un très grand nombre de corps pour former des chlorures, et souvent avec dégagement de chaleur et de lumière. On étend à ces réactions le mot de *combustions*.

— 1° Le phosphore s'enflamme dans le chlore sec, sans qu'il soit nécessaire de le chauffer ; il se forme en même temps des fumées blanches de chlorure de phosphore.

2° Projetons de l'antimoine ou de l'arsenic réduits en poudre dans un flacon de chlore (*fig.* 47). Chaque parcelle devient incandescente, tombe, et risquerait de briser le verre si, avant l'expérience, on n'avait pris la précaution de mettre une couche de sable dans le flacon.

3° Chauffons une spirale de cuivre attachée à un bouchon et descendons-la dans un flacon de chlore. Le cuivre devient incandescent, et le chlorure de cuivre tombe en gouttelettes sur du sable.

44. Action du chlore sur l'hydrogène.

La principale propriété du chlore est son action sur l'hydrogène.

1° Il agit sur l'hydrogène libre. — Remplissons deux flacons identiques, l'un de chlore, l'autre d'hydrogène, et renversons le premier sur le deuxième. Les deux gaz se combinent et forment de l'acide chlorhydrique ; si on verse dans les flacons de la teinture bleue de tournesol, elle rougit ; or l'hydrogène n'a pas d'action sur la teinture de tournesol et nous verrons que le chlore la décolore. Si les flacons étaient exposés au soleil, la combinaison se ferait si vite que le dégagement brusque de chaleur occasionnerait leur rupture ; lorsqu'on veut réaliser cette expérience, on place les flacons à l'ombre et on dirige sur eux, et de loin, les rayons solaires à l'aide d'un miroir.

2° Il décompose des corps contenant de l'hydrogène. — Introduisons dans un flacon de chlore un papier buvard imprégné d'essence de térébenthine qui est un carbure d'hydrogène. Le chlore forme avec l'hydrogène de l'acide chlorhydrique ; le papier s'enflamme et le charbon se dépose sur les parois.

I. POUVOIR OXYDANT DU CHLORE

Le chlore, à la lumière, décompose l'eau. Une dissolution de chlore se transforme peu à peu en une dissolution d'acide chlorhydrique

$$H^2O + 2Cl = 2HCl + O.$$

On se rendra compte de cette transformation en ajoutant de la teinture bleue de tournesol qui rougit. On conserve l'eau de chlore dans des flacons entourés de papier noir.

Le chlore, prenant l'hydrogène de l'eau, laisse libre l'oxygène qui peut oxyder certains corps. En présence de l'eau, le chlore agit donc comme *oxydant*.

Blanchiment des toiles. — Cette propriété est utilisée pour le blanchiment des toiles. La matière qui colore les toiles neuves est insoluble dans l'eau et ne peut être enlevée par lessivage; la toile humide est soumise à l'action du chlore, la matière colorante s'oxyde et brunit, mais elle est devenue soluble.

II. POUVOIR DÉSINFECTANT DU CHLORE

L'acide sulfhydrique H^2S, qu'on appelle encore hydrogène sulfuré, est un gaz délétère reconnaissable à son odeur d'œufs pourris, qui se dégage des fosses d'aisances, bouches d'égouts, etc. — Le chlore prend l'hydrogène de ce gaz et le détruit

$$H^2S + 2Cl = 2HCl + S.$$

Versons en effet de l'eau de chlore dans une dissolution d'acide sulfhydrique, l'eau se trouble et peu à peu du soufre très divisé se dépose au fond du verre. Cette action est utilisée pour désinfecter. Le chlore détruit non seulement l'acide sulfhydrique, mais encore l'ammoniaque, gaz composé d'azote et d'hydrogène, et d'autres gaz dangereux contenant de l'hydrogène.

III. POUVOIR DÉCOLORANT DU CHLORE

Le chlore enlève l'hydrogène des matières organiques colorantes ; il les désorganise, elles perdent leur couleur. Versons de la teinture de tournesol, du vin, dans des flacons de chlore ; ces liquides sont décolorés.

Applications : Le chlore est employé dans l'industrie pour décolorer la pâte à papier. Il décolore l'encre à écrire, mais pas l'encre d'imprimerie ; aussi on l'emploie pour enlever les taches d'encre sur les livres. Dans un flacon de chlore, nous introduisons un papier sur lequel sont tracés des caractères à l'encre d'imprimerie et des caractères à l'encre ordinaire : les premiers restent intacts, les seconds s'effacent, mais ils prennent une teinte jaune. L'encre ordinaire est fabriquée avec un sel de fer et des noix de galle (excroissances produites sur les feuilles du chêne par la piqûre d'un insecte) ; la matière organique que contiennent les noix de galle est altérée, le sel de fer prend, sous l'influence du chlore, la teinte de la rouille. Cette teinte s'efface si on lave avec de l'acide chlorhydrique étendu, puis à grande eau, pour enlever le chlorure de fer soluble formé. L'encre d'imprimerie est colorée par du charbon, corps que le chlore n'attaque pas.

45. Sources du chlore.

On n'utilise guère le chlore gazeux ; la dissolution, quoique plus commode, s'altère facilement. On se sert plutôt soit d'une poudre blanche, à forte odeur de chlore, qu'on appelle improprement *chlore* dans le commerce, soit d'eau de Javel. Le premier de ces corps est fabriqué en faisant passer un courant de chlore dans une bouillie claire de chaux. Sous l'action du gaz carbonique de l'air, le produit obtenu laisse dégager du chlore ; le dégagement est plus rapide en versant sur la poudre un acide quelconque, du vinaigre par exemple. L'eau de Javel est un composé analogue, mais dans lequel le calcium est remplacé par du potassium.

46. Préparation du chlore.

Le chlore existe dans la nature à l'état de chlorures dont le plus répandu est le chlorure de sodium ou sel marin. Avec le chlorure de sodium, on fabrique l'acide chlorhydrique appelé quelquefois *esprit de sel*, en raison de sa provenance. L'acide chlorhydrique sert à préparer le chlore, en séparant l'hydrogène du chlore, au moyen d'un corps oxydant, le bioxyde de manganèse. Celui-ci se décompose, fournit de l'oxygène qui se combine avec l'hydrogène pour former de l'eau. La moitié du chlore se dégage, l'autre moitié se combine au manganèse et donne du chlorure de manganèse

$$4HCl + MnO^3 = Cl^2 + MnCl^2 + 2H^2O.$$

On introduit dans un ballon le bioxyde de manganèse et la dissolution d'acide chlorhydrique (*fig.* 48). Puisqu'il se

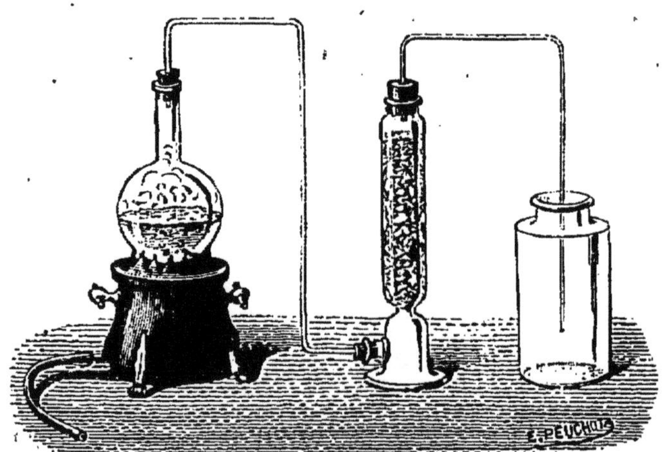

Fig. 48. — Préparation du chlore

forme de l'eau dans la réaction, et que le chlore est soluble dans l'eau, il faut dessécher le gaz ; on emploie pour cela le chlorure de calcium, corps solide, blanc ; on en met des fragments dans une éprouvette à pied munie de deux ouvertures. Le gaz arrive par l'ouverture inférieure et sort par l'orifice supérieur. On ne peut recueillir le chlore ni sur la cuve à eau, ni sur la cuve à mercure. Il est soluble dans l'eau et il transforme le mercure en un corps solide blanc, le chlorure de mercure, dont on peut constater la formation en versant un peu de mercure dans un flacon de chlore. Le chlore est plus lourd que l'air, on le recueille par déplacement d'air; on fait arriver le tube de dégagement dans des flacons desséchés par du chlorure de calcium. Le chlore tombe dans les flacons, dont il chasse progressivement l'air; on voit que les flacons sont pleins, quand ils ont dans toute leur hauteur la teinte verte du chlore; on les bouche avec des bouchons de verre usés à l'émeri.

CHAPITRE XIV

SILICE, SiO^2.

La silice est un composé de silicium et d'oxygène ; elle forme beaucoup de roches dans lesquelles on la trouve, tantôt isolée, tantôt en combinaison.

47. Variétés de silice non combinée.

QUARTZ

La silice pure et cristallisée constitue le *quartz* ou *cristal de roche* (*fig.* 49), qui est incolore et transparent ; les cristaux sont des colonnes à six pans terminées aux deux extrémités

Fig. 49. — Cristal de roche.

Fig. 50.
Agglomération de cristaux de quartz.

par des pyramides également à six faces (*fig.* 50).

Coloré en violet, le quartz prend le nom d'*améthyste ;* quand il est brun, on l'appelle *quartz enfumé*, et *agate* quand il présente une série de teintes variées, disposées en bandes parallèles.

Ce sont des substances très dures, qui ne sont pas rayées par l'acier et qu'on utilise précisément à cause de leur dureté. Le cristal de roche sert à faire des instruments d'optique, le quartz enfumé et l'améthyste s'emploient en bijouterie. Avec l'agate, on fait les surfaces qui supportent les fléaux de balances et autres pièces analogues ; on en fait aussi des billes, des mortiers pour pulvériser les substances dures ; on taille des camées dans les plus belles variétés.

I. SILEX

Le silex ou *pierre à fusil* est une pierre reconnaissable à sa cassure irrégulière qui présente des creux arrondis et des arêtes vives, translucides sur les bords. Les hommes de l'âge de la pierre tiraient parti des arêtes tranchantes que présente le silex cassé, pour faire avec cette roche des armes et des instruments d'agriculture. Le choc du silex contre le fer ou l'acier produit des étincelles dues à des parcelles de fer qui se détachent, sont échauffées par le frottement et brûlent dans l'air ; cette propriété du silex servait autrefois à avoir du feu dans les briquets et à enflammer la poudre (fusils à pierre). On utilise le silex pour empierrer les routes et pour construire les maisons dans les pays où manque la pierre de taille.

II. PIERRE MEULIÈRE

Cette variété de silice est légère, parce qu'elle présente de nombreux trous ; elle est souvent jaunie par de la rouille. Elle est employée pour construire les fondations des édifices, parce qu'elle a l'avantage d'être résistante et inaltérable à l'humidité. On fabrique avec certaines pierres meulières des meules de moulin.

III. GRÈS

Les grès sont formés de grains de silice disséminés dans une pâte soit siliceuse, soit calcaire ; les grès sont donc siliceux ou calcaires. Ils sont souvent colorés, en particulier par du fer ; ils se taillent assez facilement, et servent comme pavés.

4.

IV. SABLES QUARTZEUX

Ces sables proviennent de la désagrégation des grès. Le sable siliceux très pur est tout à fait blanc, il est employé pour la fabrication du verre.

48. Silice en combinaison.

Les composés naturels de la silice sont très nombreux. Dans ses combinaisons, la silice se comporte comme l'anhydride d'un acide, l'*acide silicique* ou *silice hydratée*, d'où le nom de *silicates* donné aux composés formés. Ces silicates, seuls ou associés entre eux, contribuent à former des roches très répandues, telles que l'argile, les granits, les porphyres, les laves, les basaltes.

Le verre est un composé de plusieurs silicates obtenu artificiellement.

CHAPITRE XV
LES ACIDES USUELS

49. Caractère des acides.

Nous savons qu'on reconnaît les acides à leur propriété de colorer en rouge la teinture bleue de tournesol.

Trois acides sont fréquemment employés :

L'acide azotique, AzO^3H.
L'acide sulfurique, SO^4H^2.
L'acide chlorhydrique, HCl.

Ce sont des acides énergiques ; ils colorent fortement la teinture de tournesol.

I. ACIDE AZOTIQUE

50. Caractère de l'acide azotique.

L'acide azotique est un liquide qui dissout le cuivre ; il se forme de l'azotate de cuivre qui est bleu et reste dissous et un gaz rouge appelé *hypoazotide* (AzO^2).

51. Propriétés de l'acide azotique.

I. COULEUR ET CONCENTRATION

L'acide azotique est connu dans le commerce sous le nom d'*acide nitrique;* on l'y trouve à divers degrés de concentration. L'acide concentré est jaune foncé, coloration due à de l'hypoazotide qu'il dissout. Il s'unit facilement à l'eau. Abandonné à l'air, il se combine à la vapeur d'eau atmosphérique et les vapeurs de l'acide plus hydraté, ainsi formé, se condensent en un brouillard ; d'où le nom d'*acide fumant* donné à l'acide azotique concentré. L'acide étendu d'eau est incolore et ne fume pas.

II. POUVOIR OXYDANT

L'acide azotique est un oxydant énergique ; il se décompose facilement en eau, oxygène et composés d'oxygène et d'azote moins oxygénés que lui et parmi lesquels se trouve l'hypoazotide ; cette action est plus ou moins vive suivant que le corps sur lequel il agit est plus ou moins oxydable, et aussi, en général, suivant que l'acide est plus ou moins concentré. La décomposition de l'acide fumant en eau, oxygène et hypoazotide se fait sous la seule influence de la lumière, ce qui explique la couleur de cet acide :

$$2(AzO^3H) = 2(AzO^2) + O + H^2O.$$

Il y aurait quelque danger à faire agir l'acide azotique sur le phosphore, surtout l'acide concentré, le phosphore étant très oxydable ; l'action est très vive et des morceaux enflammés de phosphore peuvent être projetés. On peut sans danger réaliser l'expérience avec des corps moins oxydables que le phosphore, le charbon et le soufre, par exemple.

1° Oxydation du soufre. — Dans un tube à essai, versons sur une petite quantité de fleur de soufre de l'acide concentré ; chauffons légèrement : nous voyons les vapeurs rouges d'hypoazotide. Le soufre s'est oxydé et est devenu de l'acide sulfurique ; pour mettre cet acide en évidence, versons le contenu du tube dans une dissolution limpide d'un sel de baryum, l'azotate, par exemple ; du sulfate de baryum, insoluble, trouble l'eau et se dépose :

$$(AzO^3)^2 Ba + SO^4H^2 = 2(AzO^3H) + SO^4 Ba.$$

2° Action sur les métaux. — L'acide azotique attaque les métaux, sauf l'or et le platine, et cette propriété lui a fait donner le nom d'*eau-forte*. Son action sur le cuivre nous a servi à le caractériser ; elle est utilisée dans la gravure dite à l'*eau-forte*. Sur une plaque de cuivre bien polie, on étend une mince couche de cire ; on exécute le dessin en enlevant la cire avec un stylet, de façon à mettre le métal à nu. On verse l'acide étendu qui attaque le cuivre et non la cire, puis on enlève la cire en lavant la plaque à l'essence de térébenthine.

L'acide azotique sert à nettoyer (décaper) les métaux qu'on veut travailler ; il attaque superficiellement le métal et enlève en même temps l'oxyde qui le ternissait.

III. ACTION SUR LES MATIÈRES ORGANIQUES

L'action de l'acide azotique sur les matières organiques est rarement une oxydation simple ; le plus souvent la réaction est plus compliquée. Il attaque un grand nombre de matières organiques ; il colore la peau en jaune et peut causer des brûlures graves ; on applique l'acide étendu d'eau sur les verrues, qu'il détruit peu à peu. Les vapeurs qu'émet l'acide fumant sont très dangereuses à respirer.

1° **Action sur la laine et la soie.** — L'acide azotique colore en jaune la laine et la soie blanches. Dans l'industrie, on trempe les étoffes quelques instants dans l'acide, puis on lave à grande eau pour enlever le liquide corrosif qui rongerait le tissu.

2° **Action sur le coton.** — Un morceau de ouate trempé quelques minutes dans l'acide concentré, puis lavé et desséché, se transforme en un corps de même apparence, mais extrêmement inflammable. C'est le *coton-poudre* ou *fulmi-coton*, qui brûle très rapidement en ne donnant que des gaz ; on le comprime en cartouches et on l'emploie dans les mines à la place de la poudre. Dans un trou de la roche, on tasse du coton-poudre qu'on enflamme à distance à l'aide d'une longue mèche. On ne peut employer ce corps dans les armes, parce que le volume de gaz formé brusquement est si grand que les armes seraient brisées.

3° Action sur la glycérine. — Quand l'acide azotique concentré agit sur la glycérine, il la transforme en un liquide, la *nitro-glycérine*, qui détone par le choc, une élévation de température ou même sans raison apparente. Ce corps est très difficile à manier; si on lui ajoute de la brique pilée ou du sable, on obtient un corps solide, la *dynamite*, qui est transportable et détone moins facilement.

52. Préparation de l'acide azotique.

On extrait l'acide azotique de l'azotate de potassium qu'on appelle encore *salpêtre* ou *nitre*, d'où le nom d'acide nitrique.

Le salpêtre est une poudre blanche qui se forme sur les murs humides des caves, des écuries, etc. On le met dans

Fig. 51. — Préparation de l'acide azotique. — A, cornue; B, ballon; R, eau froide.

une cornue (*fig.* 51) et on y ajoute de l'acide sulfurique qui donne avec le potassium du sulfate de potassium. Comme il faut chauffer, l'acide azotique se dégage en vapeurs que l'on condense dans un ballon refroidi. On verse l'acide sulfurique par un long tube à entonnoir allant jusqu'au fond de la cornue; on prend cette précaution parce que, s'il y avait de l'acide sulfurique sur les parois du col, il serait entraîné avec les vapeurs d'acide azotique. On ne peut employer de bouchons: l'acide azotique détruit le liège et le caoutchouc; on prend, pour condenser les vapeurs d'acide, un ballon à long col dans lequel on fait entrer le col de la cornue.

II. ACIDE SULFURIQUE

53. Caractère de l'acide sulfurique.

Nous avons déjà reconnu l'acide sulfurique par son action sur un sel de baryum ; l'eau se trouble, le sulfate de baryum formé étant insoluble dans l'eau.

54. Propriétés de l'acide sulfurique.

L'acide sulfurique, liquide incolore quand il est pur, est souvent brunâtre ; il est visqueux ; on l'extrayait autrefois du sulfate de fer ou *vitriol vert*, et on l'appelait *huile de vitriol*. ·

I. COMBINAISON AVEC L'EAU

La principale propriété de l'acide sulfurique est de se combiner très facilement à l'eau ; si on laisse à l'air un vase contenant de l'acide sulfurique, il augmente de poids, parce que l'acide absorbe la vapeur d'eau atmosphérique.

Versons doucement de l'acide sulfurique dans de l'eau. La température du liquide s'élève beaucoup ; les deux corps ne sont donc pas simplement mélangés, ils sont *combinés*, et leur combinaison dégage beaucoup de chaleur. Il faut prendre de grandes précautions quand on dilue l'acide sulfurique ; on doit verser lentement l'acide dans l'eau en agitant avec une baguette de verre, de façon à répartir uniformément la chaleur dégagée. Si on verse l'eau dans l'acide, elle se vaporise par suite de l'élévation de température et la vapeur entraîne des gouttes d'acide dont les brûlures sont dangereuses.

On utilise l'acide sulfurique pour dessécher ceux des gaz sur lesquels il n'a pas d'action. Pour augmenter la surface de contact entre le gaz et l'acide, on imbibe d'acide des fragments de pierre ponce placés dans des tubes en U, et que le gaz est forcé de traverser (*fig.* 52).

Action sur les matières organiques. — L'acide sulfurique se combine si facilement à l'eau qu'il détruit les matières organiques contenant les éléments de l'eau, ainsi le bois, le sucre, la peau, etc.; le charbon de ces matières se dépose et les noircit; elles sont *carbonisées;*

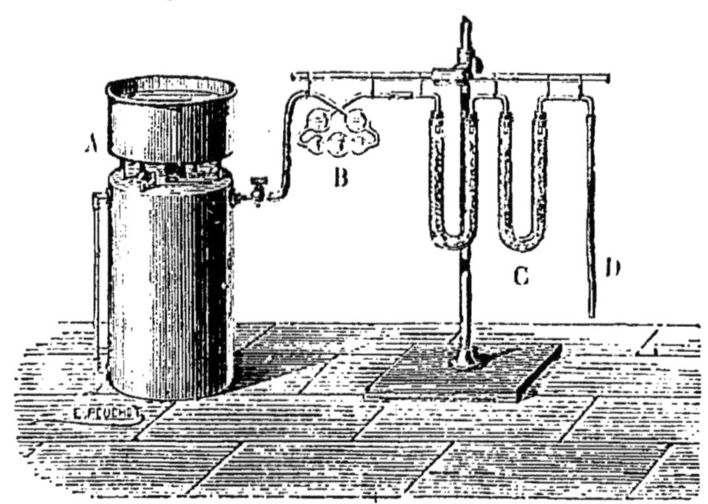

Fig. 52. — Le gaz contenu dans le réservoir A est recueilli par le tube D après s'être desséché en passant dans les deux tubes C en forme d'U. Les boules B contiennent de l'eau que le gaz est forcé de traverser, ce qui permet d'en suivre le dégagement.

une baguette de bois blanc, un morceau de sucre sur lesquels on verse un peu d'acide sulfurique noircissent rapidement. Les brûlures de l'acide sulfurique sont très graves; le seul remède est de laver immédiatement à grande eau la partie brûlée.

La couleur brune de l'acide sulfurique provient de ce qu'il renferme des débris de matières organiques carbonisées.

II. ACTION SUR LES MÉTAUX

L'acide sulfurique attaque les métaux, sauf l'or et le platine; avec le zinc, nous avons obtenu du sulfate de zinc dans la préparation de l'hydrogène; nous aurions pu employer le fer et nous aurions eu du sulfate de fer.

55. Usages de l'acide sulfurique.

L'acide sulfurique est utilisé dans de nombreuses industries. La France en consomme 80 millions de kilogrammes en une année. Il sert à fabriquer les bougies, les savons, l'acide azotique, l'acide chlorhydrique, l'éther des pharmacies; il entre dans la constitution des piles électriques.

56. Fabrication de l'acide sulfurique.

La fabrication de l'acide sulfurique s'explique par des réactions complexes. Elle est basée sur l'oxydation du gaz sulfureux par l'acide azotique; en réalité ce n'est pas l'acide azotique qui agit sur le gaz sulfureux, mais des composés oxygénés de l'azote moins oxygénés que lui et provenant de sa décomposition. Ces composés se reforment ou reforment de l'acide azotique sous l'action de l'eau et de l'oxygène, lequel est fourni par l'air. On voit ainsi qu'un poids donné d'acide azotique peut, si l'on ne tient pas compte des pertes, transformer une quantité illimitée de gaz sulfureux.

Le gaz sulfureux est fourni par combustion du soufre ou de la *pyrite* qui est un sulfure de fer naturel (FeS^2); sa transformation en acide sulfurique s'effectue dans de vastes chambres entièrement doublées de plomb, métal que l'acide étendu n'attaque pas. On concentre ensuite l'acide obtenu en le chauffant d'abord dans de larges bassines de plomb, puis dans des bassines de platine, l'acide sulfurique n'attaquant pas le platine.

III. ACIDE CHLORHYDRIQUE

57. Caractère de l'acide chlorhydrique.

L'acide chlorhydrique est un gaz caractérisé par son action sur les sels d'argent. Si on le fait arriver dans de l'eau contenant en dissolution un sel d'argent, de l'azotate par exemple, on voit se déposer des grumeaux d'un corps blanc, le chlorure d'argent, qui noircit à la lumière :

$$AzO^3Ag + HCl = AgCl + AzO^3H.$$

58. Propriétés de l'acide chlorhydrique.

I. SOLUBILITÉ DANS L'EAU

L'acide chlorhydrique est très soluble dans l'eau ; l'eau en dissout environ cinq cents fois son volume. Cette dissolution constitue l'acide chlorhydrique du commerce ; incolore quand elle est pure, elle est souvent jaune. Le gaz qui s'en dégage a une odeur piquante ; il absorbe l'humidité et fume à l'air.

Fig. 53. — Solubilité de l'acide chlorhydrique.

On peut montrer la grande solubilité de l'acide chlorhydrique dans l'eau par les expériences suivantes :

1° Remplissons une éprouvette de gaz sur la cuve à mercure (*fig.* 53) ; transportons-la, en la fermant par une

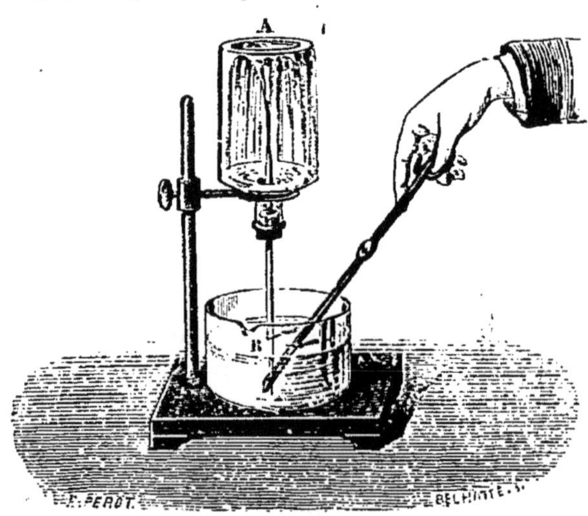

Fig. 54. — On casse la pointe B sous l'eau. L'eau jaillit dans le flacon A.

soucoupe contenant un peu de mercure, dans une cuve à eau, et soulevons légèrement l'éprouvette ; l'eau dissout très vite le gaz et monte brusquement dans l'éprouvette.

Si l'acide chlorhydrique est très pur, la dissolution peut se faire assez vite pour que l'eau, frappant les parois et le fond de l'éprouvette, la brise. On préserve la main des éclats de verre en l'enveloppant d'un linge.

2° Remplissons un flacon de gaz chlorhydrique; fermons-le avec un bouchon traversé par un tube; l'extré mité du tube qui pénètre dans le flacon est effilée, l'autre porte un robinet (*fig.* 54), ou bien elle a été fermée à la lampe. Retournons le flacon au-dessus d'un vase contenant de l'eau bleuie par de la teinture de tournesol, et de manière que le tube plonge dans l'eau. Ouvrons le robinet, ou cassons la pointe; le liquide monte à mesure qu'il dissout le gaz, et l'eau qui jaillit est rose; si le flacon contient de l'acide chlorhydrique pur, l'eau le remplit complètement.

II. ACTION SUR LES MÉTAUX

L'acide chlorhydrique attaque les métaux, sauf l'or et le platine. On pourrait préparer l'hydrogène en substituant cet acide à l'acide sulfurique; on obtiendrait du chlorure de zinc ou du chlorure de fer suivant le métal employé.

L'or et le platine, qui ne sont attaqués ni par l'acide chlorhydrique ni par l'acide azotique, peuvent être dissous par un mélange de ces deux acides, appelé *eau régale* parce qu'il dissout l'or, le roi des métaux. Versons dans un verre de l'acide chlorhydrique, dans un autre de l'acide azotique, et mettons dans chacun d'eux une feuille d'or : le métal ne disparaît pas; mais versons le contenu d'un verre dans l'autre, l'or se dissout.

59. Préparation de l'acide chlorhydrique.

Nous avons vu, à propos de la préparation du chlore, que le chlorure de sodium sert à préparer l'acide chlorhydrique; pour cela, on lui ajoute de l'acide sulfurique, qui forme du sulfate de sodium :

$$2NaCl + SO^4H^2 = 2HCl + SO^4Na^2.$$

On chauffe les corps dans un ballon, on recueille le gaz

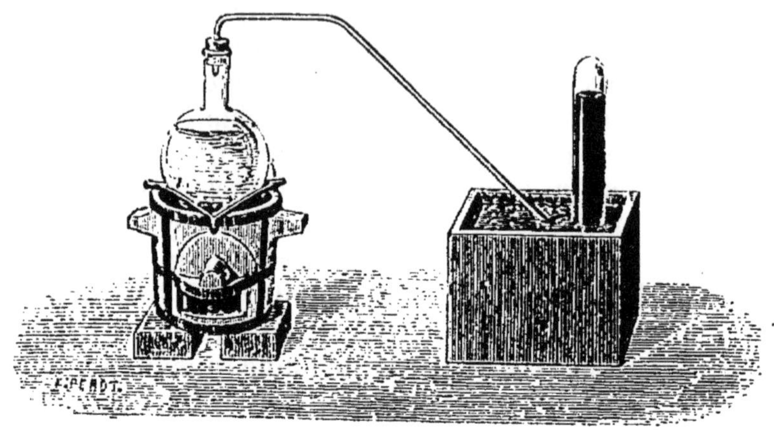

Fig. 55. — Préparation de l'acide chlorhydrique.

soit sur la cuve à mercure, soit par déplacement, d'air,

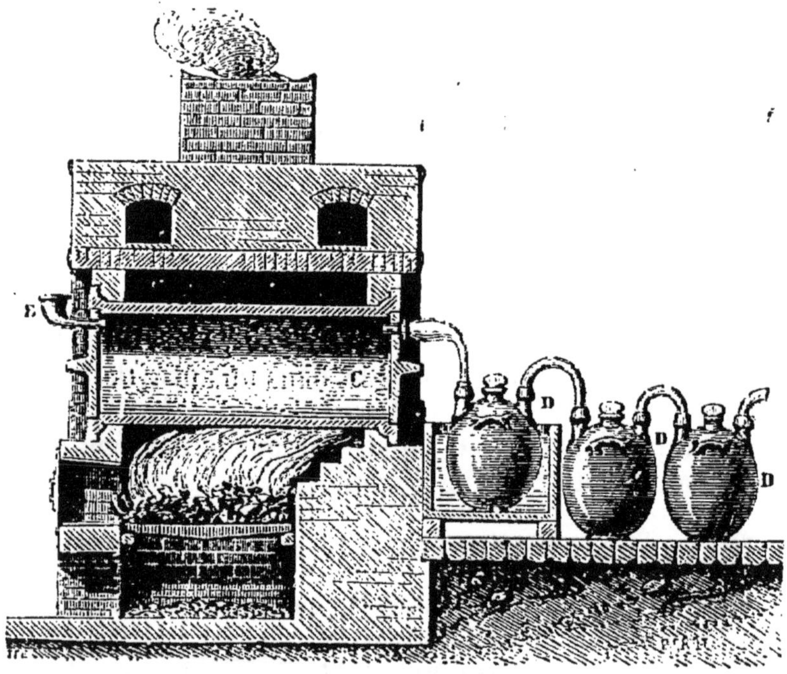

Fig. 56. — Préparation industrielle de l'acide chlorhydrique. — C, cornues contenant le mélange de sel marin et d'acide sulfurique; E, entonnoir par lequel on verse l'acide sulfurique; D, bonbonnes contenant de l'eau dans laquelle se dissout l'acide chlorhydrique.

car il est plus léger que l'air (*fig.* 55). Si on veut en avoir une dissolution, il suffit de faire arriver le tube de dégagement dans un flacon rempli d'eau. Dans l'industrie, on prépare l'acide chlorhydrique dans des vases de fer (*fig.* 56); il forme aux dépens du métal une petite quantité de chlorure de fer qui jaunit la dissolution.

CHAPITRE XVI

LES MÉTAUX USUELS

Un métal usuel doit remplir deux conditions principales :

1° Il faut qu'il ne s'altère pas ou, tout au moins, qu'on puisse le préserver facilement des causes d'altérations ;

2° Il faut qu'on puisse le travailler sans trop de peine ; cette dernière condition repose sur plusieurs propriétés, telles que : la malléabilité, la ténacité, la ductilité, la dureté.

60. Altérabilité des métaux.

Nous savons que le fer se rouille à l'air humide, que les casseroles de cuivre se recouvrent de vert-de-gris, qu'un seau de zinc, un vase étamé, brillants quand ils sont neufs, sont vite ternis. Le même fait se produit quand on coupe un morceau de plomb ; la surface de la coupure, d'abord brillante, devient bientôt grise comme la surface extérieure. Toutes ces altérations des métaux sont dues surtout à des oxydations. Pour le fer, l'oxydation gagne l'intérieur du métal, qui en peu de temps est complètement rongé ; pour les autres, la couche superficielle formée préserve les parties intérieures, ce qui permet d'utiliser ces métaux. Le fer ne peut servir que s'il est recouvert d'une couche protectrice qui peut être du zinc (*fer galvanisé*), de l'étain (*fer étamé*), du nickel (*fer nickelé*) ou une peinture contenant du plomb (peinture rouge au *minium*). L'aluminium, le nickel, l'argent et l'or, inoxydables à l'air, sont naturellement très recherchés. Cependant les objets d'argent noircissent ; cet effet est dû à l'acide sulfhydrique ou gaz sulfhydrique, H^2S, dont le soufre forme, avec l'argent, du sulfure d'argent noir. L'acide sulfhydrique se produit fréquemment dans les œufs, même lorsqu'ils sont encore bons, et se dégage souvent des foyers de houille.

Il y a des métaux si oxydables qu'on n'a pu en tirer parti. Tels sont le potassium et le sodium, à l'oxydation desquels on ne sait pas remédier. Ces métaux sont mous, et il suffit de les couper au couteau pour voir apparaître une surface brillante immédiatement ternie; ils se transforment superficiellement en potasse et en soude (oxydes hydratés). Ils se combinent si facilement à l'oxygène qu'ils peuvent décomposer l'eau à la température ordinaire. Jetons un petit morceau de potassium sur une cuve à eau (*fig.* 57).

Fig. 57. — Décomposition de l'eau par le potassium.

Le métal, qui est plus léger que l'eau, surnage. On le voit tournoyer à la surface du liquide, au milieu d'une flamme violacée. Le potassium prenant l'oxygène de l'eau, la chaleur dégagée par leur combinaison suffit pour enflammer l'hydrogène dont la flamme est colorée en violet par des vapeurs de potassium. A la fin de l'expérience, la potasse formée éclate à la surface du liquide; pour éviter les brûlures que produiraient les fragments projetés, on couvre la cuve d'une plaque de verre.

Nous voyons, par ce qui précède, que le potassium et le sodium ne peuvent être conservés ni dans l'air, ni dans l'eau; on les conserve dans de l'huile de naphte qui est un carbure d'hydrogène. On ne peut les manier sans danger d'inflammation; ils ne sont pas employés.

Outre l'altération des métaux à l'air et à l'humidité, on doit tenir compte, pour les usages domestiques, de l'action qu'exercent sur eux certains produits alimentaires. Ainsi le zinc décompose l'eau en présence de substances acides (analogie avec la préparation de l'hydrogène), comme le vinaigre, les fruits aigres, et forme des composés toxiques. Le cuivre et le plomb s'altèrent beaucoup sous l'action des acides; l'aluminium est rongé par le sel marin. On utilise l'étain, qui s'altère peu, et dont les composés pris en petite quantité ne sont pas vénéneux, pour étamer les casseroles de cuivre. L'étain est trop fusible pour être employé seul; l'étamage a permis d'utiliser le cuivre, qu'on recherche parce qu'il est le meilleur conducteur de la chaleur après l'argent. Les sels de nickel ne sont pas vénéneux, aussi fait-on de très bons ustensiles de ménage en nickel, mais leur prix est encore trop élevé.

61. Malléabilité.

La malléabilité est la propriété qu'ont les métaux de se laisser écraser, aplatir en feuilles. On obtient ces feuilles en battant le métal au marteau ou en le faisant passer au *laminoir*. Cet appareil se compose de deux cylindres

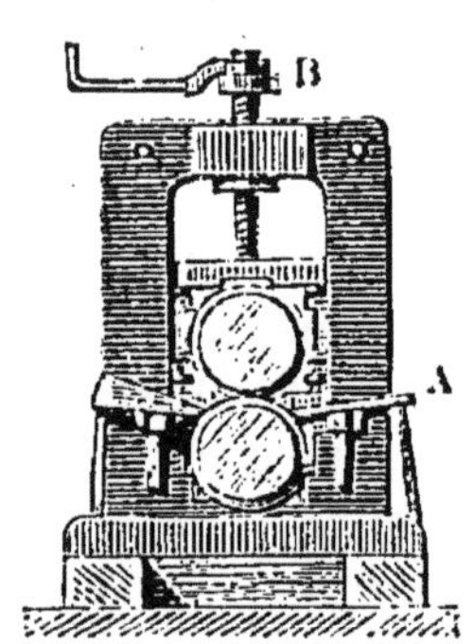

Fig. 58. — Laminoir. — A, guide menant la plaque entre les deux cylindres; B, vis servant à rapprocher les cylindres.

placés horizontalement à une certaine distance l'un de l'autre et qui tournent en sens inverse (*fig.* 58). On commence par couler le métal en une plaque; on en amincit l'un des bords et on l'engage entre les deux cylindres; leur mouvement entraîne la feuille qui s'aplatit. On recommence l'opération un certain nombre de fois, en rapprochant les deux cylindres. Tous les métaux, sauf l'étain et le plomb, cassent lorsqu'on les lamine, on dit qu'ils s'*écrouissent*. On obtient les feuilles minces par le battage au marteau. Pour l'or, par exemple, qui est le plus malléable des métaux, on place entre des peaux les feuilles sortant du laminoir, on en fait un paquet qu'on martèle; cent mille feuilles superposées n'ont que l'épaisseur d'un centimètre.

Les métaux dont on utilise constamment les feuilles sont : le fer, le zinc, le cuivre, l'étain, le plomb. Sous le nom de *tôle*, le fer sert à fabriquer des tuyaux de poêle, des plaques et tabliers de cheminée, etc.; la tôle étamée, appelée *fer-blanc*, est employée pour les casseroles, les boîtes de conserve, etc. Le zinc sert à faire des seaux, des baignoires, etc., et des feuilles pour couvrir les toits; les toitures de zinc ont l'avantage d'être légères, mais aussi l'inconvénient d'être facilement combustibles. Le cuivre est employé pour des casseroles, des chaudières, des alambics; l'étain, pour envelopper les produits alimentaires. Avec le plomb, qui est mou, et dont les feuilles se ploient sans se briser, on revêt l'intérieur des bassins et on tapisse les chambres qui servent à la fabrication de l'acide sulfurique.

62. Ténacité.

On dit qu'un métal est tenace quand il résiste à la traction. Pour comparer les ténacités des différents métaux, on prend des fils de même longueur et de même diamètre; on les fixe par une extrémité, et on suspend à l'autre des poids de plus en plus lourds jusqu'à rupture. Le plus tenace des métaux est celui dont le fil exige le plus grand poids pour rompre. Le fer tient, après le nickel, le premier rang pour la ténacité.

63. Ductilité.

Un métal est ductile quand on peut l'étirer en fils. La ductilité dépend à la fois de la malléabilité et de la ténacité. Le plomb, par exemple, qui est malléable, n'est cependant que peu ductile, parce qu'il n'est presque pas tenace. Il se laisse facilement écraser, mais il se brise quand on l'étire. On étire les métaux en fils à l'aide de la *filière*. Cette machine se compose d'une plaque d'acier percée de trous de grandeurs différentes (*fig.* 58). On amincit l'extrémité d'une tige de métal et on l'engage dans le trou le plus grand. Par une forte traction, on fait sortir la tige qui s'amincit et s'allonge ; on la fait ensuite passer dans des trous de plus en plus petits. Parmi les métaux usuels, l'or et l'argent sont les plus ductiles ; viennent ensuite le fer et le cuivre. On fait des fils d'or et d'argent si fins qu'il en faut environ 3 kilomètres pour peser un gramme ; on les enroule autour de fils de soie pour en faire des galons, des broderies. Les fils de fer servent pour les grillages, les clôtures, etc., on les emploie en particulier comme les fils de

Fig. 59. — Filière. — A, table portant la filière ; E, filière ; B, tambour sur lequel s'enroule le fil aminci ; R, roues à crémaillères faisant tourner le tambour B ; elles reçoivent leur mouvement de la roue C mue elle-même par une machine à vapeur ; D, fil qui va passer à la filière.

cuivre pour conduire l'électricité ; on préfère le cuivre au point de vue de la conductibilité, mais il est plus coûteux que le fer. Le zinc et l'étain sont si peu tenaces que leurs fils ne sont pas employés. Le plomb est encore moins tenace ; mais on utilise ses fils, à cause de leur flexibilité, dans certains cas où la résistance à vaincre est faible ; les jardiniers les emploient pour relier aux tiges les petites branches des plantes. C'est aussi en raison de la mollesse et de la flexibilité du plomb, qu'on fabrique avec ce métal les tuyaux servant à la conduite de l'eau et du gaz, parce qu'on peut leur faire suivre toutes les sinuosités des constructions.

64. Dureté.

Les métaux usuels sont durs en général ; ils sont rayés par l'acier, mais non par l'ongle et ne s'usent pas facilement. Cette nouvelle propriété est une des conditions de leur emploi. Cependant on utilise quelques métaux mous tels que l'or, l'argent et le plomb et un métal li-

quide, le mercure. L'or et l'argent, précieux pour leur
inaltérabilité, sont assez mous pour s'user rapidement;
on ne pourrait les employer si l'on ne corrigeait ce défaut
en leur ajoutant une petite quantité de cuivre; cependant,
ils s'usent encore; à la longue, les empreintes des monnaies s'effacent. Le plomb est si mou qu'on peut le rayer
avec l'ongle, et qu'il laisse une trace sur le papier; nous
avons vu que les usages de ce métal sont justement fondés sur son peu de dureté. Le mercure est le seul métal
liquide; il s'emploie surtout pour construire des instruments de physique tels que les baromètres et les thermo-
mètres; il nous a servi à recueillir les gaz solubles dans
l'eau.

65. Alliages.

Les alliages sont des combinaisons de métaux. Ils ont
les propriétés générales des métaux (altérabilité, malléabilité, etc.), mais variables de l'un à l'autre, car les
alliages, comme toutes les combinaisons, ont des propriétés différentes de celles des corps qui les constituent.
Un grand avantage des alliages est leur fusibilité; ils sont
toujours plus fusibles que le moins fusible des métaux
qui les composent, ce qui donne une facilité de les travailler. Chaque alliage est considéré, au point de vue pratique, comme un nouveau métal; leur emploi augmente
donc beaucoup le nombre des métaux usuels.

Le métal qui forme le plus d'alliages importants est le
cuivre; ces alliages peuvent être coulés dans des moules.
Avec le zinc, il forme le *laiton*, appelé *cuivre jaune* à
cause de sa couleur, et qui se prête particulièrement bien
au moulage; on en fait des boutons de porte, des plaques
de sonnettes, des instruments de musique, un très grand
nombre d'appareils de physique, des fils, des toiles métalliques, des épingles, etc.; seulement les épingles sont
étamées pour éviter l'odeur désagréable du cuivre et la
formation de vert-de-gris. En alliant l'étain au cuivre, on
obtient le *bronze*, plus dur que le cuivre; le bronze des

canons est surtout tenace, le bronze des cloches est sonore L'alliage des monnaies de cuivre est une variété de bronze dans laquelle entre $\frac{1}{100}$ de zinc. Le bronze d'aluminium, dans lequel l'aluminium remplace l'étain, a une belle couleur jaune d'or; il est très dur, très tenace, et peut être facilement poli; on l'emploie pour faire des lames de couteaux, des flambeaux, des chaînes de montre, etc. Un alliage de cuivre, de zinc et de nickel constitue le *maillechort*, peu altérable à l'air, et dont une variété est le *métal anglais*. Il sert à fabriquer des objets de sellerie, des garnitures de couteaux, des couverts, des théières et autres objets qu'on peut ensuite nickeler ou argenter.

Quelques autres alliages sont intéressants. Nous avons vu que le cuivre, allié en petite quantité à l'or et à l'argent, rend ces métaux plus durs, mais n'en modifie pas l'inaltérabilité; on emploie ces alliages dans la fabrication des monnaies, des bijoux, des pièces d'orfèvrerie.

De l'union du plomb qui est mou, et de l'antimoine qui est cassant, résulte l'alliage des caractères d'imprimerie, à la fois dur et résistant.

L'étain se travaille plus aisément quand il est allié au plomb. Le produit obtenu sert pour les mesures de capacité, les couverts grossiers, les plats d'étain, etc.; mais, comme les sels de plomb sont vénéneux, ce métal n'entre dans l'alliage qu'en faible proportion. La quantité de plomb est beaucoup plus grande dans les alliages que les plombiers et ferblantiers emploient comme soudures.

66. Le fer.

Le fer est le plus important des métaux usuels; il est ductile et malléable; sa dureté et sa ténacité sont très grandes, d'où son emploi pour les instruments d'agriculture et les outils. Le fer est le moins fusible des métaux usuels; mais il se ramollit avant de fondre, ce qui permet de le souder à lui-même, sans l'intermédiaire de métaux étrangers. Dans le travail de la forge, le fer est ramolli au feu, puis façonné au marteau, et pour souder deux morceaux rouges, rapprochés l'un de l'autre, il suffit de les battre sur l'enclume. Des parcelles de fer se détachent, en se combinant à l'oxygène de l'air, et produisent l'oxyde de fer magnétique (Fe^3O^4), jaillissant en étincelles.

Le fer remplace le bois dans les constructions ; on en fait des clefs, des serrures, des clous, des fils, des feuilles, des casseroles, mais ces usages sont assez restreints. Le fer s'emploie surtout, quand il est combiné au carbone, constituant alors la *fonte*, et l'*acier ;* la fonte renferme 2 à 5 p. 100 de carbone, l'acier, 0,15 à 1,25 p. 100.

FONTE

La fonte s'obtient dans les hauts fourneaux ; elle est plus fusible que le fer et se prête très bien au moulage. On en fait des objets de formes très diverses, tels que des marmites, des fourneaux, des colonnes, des grilles, des balcons, des cylindres de machines à vapeur, etc. On peut la travailler plus facilement que le fer, mais elle est cassante.

De la fonte on tire le fer en oxydant le carbone qu'elle contient.

ACIER

L'acier peut acquérir un beau poli. Il est plus dur et plus résistant que le fer. On augmente encore ces qualités en le *trempant*, c'est-à-dire en le plongeant brusquement dans l'eau froide après l'avoir chauffé au rouge ; mais l'acier trempé est d'autant plus cassant qu'il est plus dur. On fait avec l'acier des aiguilles, des armes, des couteaux des instruments de chirurgie, des rasoirs, des ressorts, des canons, des coques de navires, des rails de chemins de fer, etc.

On obtient l'acier, soit en carburant le fer pur, soit en décarburant partiellement la fonte.

MÉTAUX	PROPRIÉTÉS					USAGES
Fer.	malléable.	très tenace.	ductile.	très dur.	s'oxyde complètement à l'air.	Fer pur. . . . . Fer étamé, galvanisé, nickelé, peint . . . . (Plaques, tuyaux de poêles, casseroles, fils, poutres, serrures, etc. Fonte. . . . .) Marmites, fourneaux, grilles, colonnes, etc. Acier. . . . . (Outils, aiguilles, couteaux, instruments de chirurgie, canons, etc.
Cuivre.	malléable.	tenace.	ductile.	dur.	s'oxyde superficiellement à l'air; composés vénéneux.	Cuivre pur. . . . . Casseroles, chaudières, fils électriques, etc. Alliages. { Laiton . . . . . Instruments de musique et de physique, épingles, boutons de portes, etc. Bronzes . . . . Des canons. Des cloches. Des monnaies. D'aluminium chaînes de flambeaux, montres, etc. Maillechort. Couverts, théières, objets de sellerie. Alliages d'or et d'argent.
Zinc.	malléable.	peu tenace.	peu ductile.	dur.	s'oxyde superficiellement à l'air; composés vénéneux.	Zinc pur. . . . . Seaux, baignoires, toitures, galvanisation du fer. Alliages. { Laiton. Maillechort. Bronze des monnaies.
Etain.	malléable.	peu tenace.	peu ductile.	dur.	s'oxyde superficiellement à l'air.	Etain pur. . . . . Enveloppes de produits alimentaires, étamage du fer et du cuivre. Alliages. { Bronzes. . . . . Alliages . . . . Des mesures de capacité, de la vaisselle d'étain, des soudures.
Plomb.	malléable.	très peu tenace.	peu ductile.	mou.	s'oxyde superficiellement à l'air; composés vénéneux.	Plomb pur. . . . . Chambres de plomb, revêtement des bassins, tuyaux et fils flexibles. Alliages. { Alliages . . . . Des mesures de capacité, de la vaisselle d'étain, des soudures. Alliage des caractères d'imprimerie.
Nickel.	malléable.	très tenace.	ductile.	très dur.	ne s'altère pas à l'air.	Nickel pur. . . . . Usages encore restreints : ustensiles de ménage, nickelage du fer. Alliage : maillechort.
Aluminium.	malléable.	tenace.	ductile.	dur.	ne s'altère pas à l'air.	Aluminium pur. . . . . Usages encore restreints ; objets légers : dés, porte-plumes, etc. Alliage : bronze d'aluminium.
Argent.	très malléable.	tenace.	très ductile.	peu dur.	ne s'altère pas à l'air, mais noircit sous l'action de H^2S.	Argent allié au cuivre. . Monnaies, bijoux, pièces d'orfèvrerie.
Or.	très malléable.	tenace.	très ductile.	peu dur.	ne s'altère pas.	Or allié au cuivre . . . . . Monnaies, bijoux, pièces d'orfèvrerie.

CHAPITRE XVII

LES BASES USUELLES

67. Caractère des bases.

Nous savons reconnaître les bases : elles ramènent au bleu la teinture de tournesol rougie par les acides.

Les bases usuelles sont :

La potasse,	KOH.
La soude,	NaOH.
L'ammoniaque,	AzH^4OH.
La chaux éteinte,	CaO^2H^2.

I. POTASSE ET SOUDE

La potasse et la soude sont des corps solides, blancs, qu'on appelle souvent *bases alcalines*, ou *alcalis*.

68. Propriétés de la potasse et de la soude.

Elles sont solubles dans l'eau. Abandonnées à l'air, elles absorbent de la vapeur d'eau et se dissolvent.

Elles brûlent les étoffes et la chair; on emploie la potasse pour cautériser les plaies (pierre à cautère); dans ce cas, on se sert de bâtons obtenus en coulant dans des moules la potasse fondue.

69. Usages de la potasse et de la soude.

Les principaux usages des bases alcalines sont la fabrication des verres et des savons. Le verre est un composé de silicate de potassium ou de sodium, et d'autres silicates, tels que ceux de calcium ou de plomb. On le fabrique en chauffant à haute température du sable blanc et de la potasse ou de la soude, avec du calcaire fournissant la chaux, ou du minium (oxyde de plomb) fournissant le plomb.

On obtient les savons en faisant agir les alcalis sur les corps gras; au contact de l'eau, les savons perdent une partie de leur alcali qui forme avec les corps gras de nouveaux savons solubles. Ainsi s'explique l'emploi du savon dans le lessivage; on obtiendrait un effet plus énergique en se servant directement des bases, mais le linge serait rongé.

70. Potasse et soude du commerce.

Habituellement, on emploie, au lieu de la potasse et de la soude, les carbonates de potassium et de sodium, qu'on vend sous les noms impropres de potasse et soude du commerce. Ces carbonates existent dans les cendres de végétaux, végétaux terrestres pour le carbonate de potassium, végétaux marins pour le carbonate de sodium ; on peut, dans le lessivage, employer les cendres aussi bien que les bases alcalines.

Pour obtenir la potasse et la soude du commerce, on brûle des végétaux, puis on lave les cendres; les carbonates sont solubles et se dissolvent; mais d'autres sels qui sont aussi dans les cendres se dissolvent en même temps, et, quand on évapore la dissolution, ces sels se déposent en même temps que les carbonates. Ceux-ci sont donc impurs; mais, en général, les impuretés ne nuisent pas dans les applications des carbonates de potassium et de sodium.

II. GAZ AMMONIAC, AzH^3

BASE AMMONIAQUE, AzH^4OH

71. Caractère du gaz ammoniac.

1° L'ammoniaque est un gaz reconnaissable à son odeur piquante, il provoque les larmes.

2° Si on introduit dans une éprouvette de ce gaz un papier humide, imprégné de teinture de tournesol rougie par un acide, le papier bleuit.

72. Propriétés du gaz ammoniac.

I. SOLUBILITÉ DANS L'EAU.

Ce gaz est très soluble dans l'eau, 1 litre d'eau en dissout environ 1 000 litres ; la dissolution a les propriétés des dissolutions de potasse et de soude. Elle contient la base ammoniaque, résultat de la combinaison du gaz ammoniac et de l'eau :

$$AzH^3 + H^2O = AzH^4OH.$$

C'est aussi un alcali ; on l'appelle *alcali volatil*, parce que le gaz ammoniac s'en dégage très facilement.

Fig. 60. — Solubilité du gaz ammoniac.

Pour montrer la grande solubilité de l'ammoniaque, répétons les deux expériences que nous avons faites avec le gaz chlorhydrique (*fig.* 60 et 61). Seulement colorons en rose, avec de la teinture de tournesol rougie

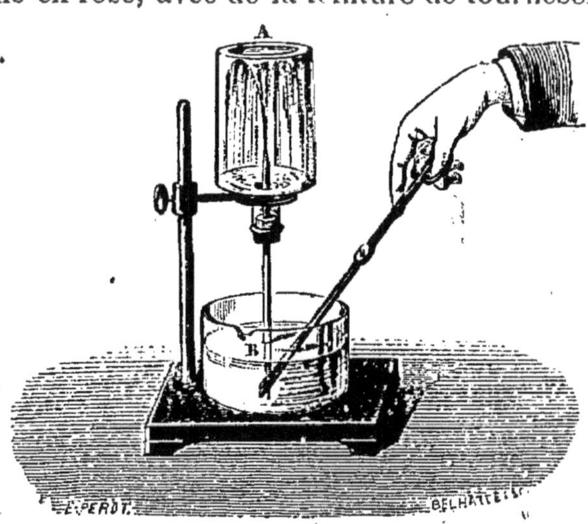

Fig. 61. — L'eau monte dans le flacon en dissolvant le gaz et jaillit le tube effilé.

par un acide, l'eau qui doit monter dans le flacon ; elle bleuit en dissolvant le gaz.

II. ABSORPTION PAR LE CHARBON

L'ammoniaque est un des gaz que le charbon absorbe en plus grande quantité, ce qui nous a permis de montrer le pouvoir absorbant du charbon de bois pour les gaz (*fig.* 32).

III. ACTION DU CHLORE

Nous avons vu aussi que le chlore détruit le gaz ammoniac, et que cette propriété est utilisée pour désinfecter.

73. Préparation du gaz ammoniac.

On retire le gaz ammoniac de sa dissolution qu'on trouve dans le commerce ; il suffit de la faire bouillir pour qu'elle dégage tout le gaz ammoniac qu'elle contient. On recueille le gaz sur la cuve à mercure ou par déplacement d'air (*fig.* 62) ; dans ce cas, comme il est plus léger que l'air, le tube abducteur peut être un simple tube droit effilé à son extrémité, et au-dessus duquel on place les éprouvettes.

74. Usages de la base ammoniaque.

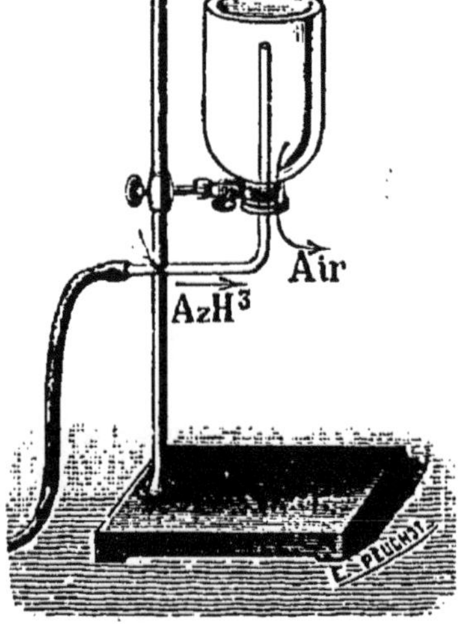

Fig. 62. — Manière de remplir un flacon d'ammoniaque par déplacement d'air.

La base ammoniaque sert pour cautériser les piqûres d'insectes, pour combattre les effets de l'ivresse et la météorisation des herbivores. Cette maladie se produit au printemps, quand les bêtes ont mangé beaucoup de fourrages humides. Leur appareil digestif est gonflé de gaz, tels que le gaz carbonique, l'acide sulfhydrique, avec lesquels l'ammoniaque forme des composés solubles. Comme la potasse et la soude, l'alcali volatil agit sur les corps gras ; on l'emploie pour dégraisser les vêtements.

III. CHAUX VIVE, CaO
CHAUX ÉTEINTE, CaO^2H^2

La chaux vive est un corps solide, blanc.

75. Transformation de la chaux vive en chaux éteinte.

Versons de l'eau sur un morceau de chaux vive ; la chaux l'absorbe en s'y combinant et devient la chaux éteinte. Le phénomène est accompagné d'un grand dégagement de chaleur et d'un boursouflement de la masse qui s'émiette ; on dit qu'elle *foisonne;* la chaleur est suffisante pour vaporiser une partie de l'eau, une fumée blanche s'élève au-dessus de la chaux.

Si on délaye la chaux éteinte dans une grande quantité d'eau, elle se dissout en partie ; le liquide, filtré, est limpide ; il constitue l'*eau de chaux*, qui nous a permis de caractériser le gaz carbonique.

76. Usages de la chaux éteinte.

La chaux éteinte, mélangée à du sable, constitue le *mortier*, qu'on emploie pour souder entre elles les pierres des constructions. Le mortier durcit parce que la chaux, sous l'action du gaz carbonique de l'air, se transforme en carbonate de calcium,

$$CaO^2H^2 + CO^2 = CO^3Ca + H^2O.$$

Le mortier durcit d'abord à la surface, puis très lentement à l'intérieur ; on mêle du sable à la chaux pour faciliter l'accès de l'air et pour diminuer la contraction qui se produit pendant la solidification.

Certaines variétés de chaux, contenant de l'argile, durcissent sous l'eau : ce sont les *chaux hydrauliques* et les *ciments* qui servent pour le mortier des citernes, des digues, des piles de ponts, etc. En mélangeant des cailloux à la chaux hydraulique, on a le *béton*, qui remplace le carrelage dans certains cas. Le béton versé dans des moules se solidifie et on fabrique ainsi de grosses pierres dont la taille et la forme sont déterminées, et qu'on emploie dans les constructions sous-marines.

77. **Préparation de la chaux vive.**

La chaux vive s'extrait des carbonates de calcium où

Fig. 63. — Four à chaux.

pierres calcaires (craie, marbre, calcaire grossier, pierre lithographique). On emploie de préférence la craie qui a peu de valeur. Il suffit de la chauffer à haute température pour que le gaz carbonique s'en dégage et laisse la chaux vive,

$$CO_3Ca = CO_2 + CaO.$$

On chauffe les pierres calcaires dans un four spécial, dit *four à chaux;* ce four est en briques réfractaires, il a trois ou quatre mètres de hauteur (*fig.* 63). On le remplit de pierres calcaires et on allume des foyers placés latéralement à la base. La chaux cuite s'écoule par une ouverture ménagée à la partie inférieure, tandis que l'on introduit de nouvelles pierres calcaires à la partie supérieure. On conserve la chaux dans un endroit sec.

CHAPITRE XVIII

LES SELS

78. Définition d'un sel.

Un sel résulte de la substitution d'un métal à l'hydrogène d'un acide.

79. Propriétés des sels.

I. CRISTALLISATION

En général, les sels sont cristallisés. Une des formes cristallines les plus remarquables est celle du sel de cuisine. On peut y voir des cristaux agglomérés en pyramides creuses à quatre pans, qu'on appelle des *trémies* (*fig.* 64). D'autres sels, comme le plâtre, la craie, ne sont pas cristallisés.

Fig. — 64. — Trémie de sel marin.

II. SOLUBILITÉ

Il sont, tantôt très solubles dans l'eau, comme le salpêtre, tantôt très peu solubles comme le plâtre, tantôt tout à fait insolubles comme le sulfate de baryum.

III. COLORATION

Très souvent, les sels sont blancs et leurs dissolutions sont incolores; quelquefois ils sont colorés et leur couleur permet, dans certains cas, de reconnaître quel est le métal qui a servi à les former. Ainsi, les sels de cuivre sont bleus; les sels de fer sont vert clair ou brun; les sels de nickel sont vert foncé, les sels d'or sont jaunes.

80. **Principaux sels.**

Les principaux sels sont ceux de potassium, de sodium et de calcium. Ces trois corps, peu importants comme métaux, ont au contraire une grande importance lorsqu'on envisage leurs sels. Nous savons que les carbonates de potassium et de sodium, obtenus à bas prix par la calcination des végétaux, sont employés dans l'industrie à la place de la potasse et de la soude. Nous connaissons le chlorure de sodium sous le nom de *sel* ou *sel marin;* le carbonate de calcium, sous le nom de *calcaire;* le sulfate de calcium, sous le nom de *plâtre.*

81. **Azotate de potassium.**

L'azotate de potassium, appelé encore nitre ou salpêtre, sert à préparer l'acide azotique. Comme cet acide, il est oxydant, propriété qui le fait employer dans la fabrication de la poudre pour fournir au charbon l'oxygène nécessaire à sa combustion.

La poudre est un mélange de charbon de bois très facilement inflammable, de salpêtre et de soufre. On choisit pour la fabriquer des matières très pures. On les pile au mortier en ajoutant un peu d'eau de manière à former une pâte, puis on laisse sécher. La masse obtenue est placée sur un crible; par compression, on force la matière à traverser les trous, ce qui donne des grains de grosseur voulue. La poudre s'enflamme sous l'influence d'un choc ou d'une élévation de température. Le charbon brûle en donnant du gaz carbonique dont l'oxygène est fourni par la décomposition du salpêtre; et le potassium s'unit au soufre pour former un sulfure. Le gaz carbonique formé et l'azote provenant de la décomposition du sel sont portés à une haute température par la chaleur que dégagent les réactions; ils sont emprisonnés dans un petit espace; leur force élastique est très considérable et chasse le projectile de l'arme.

82. Chlorure de sodium.

On trouve le chlorure de sodium, soit dissous dans les eaux de la mer, soit en masses compactes dans le sol et constituant alors le *sel gemme* (Wieliczka, Transylvanie; Vic et Dieuze, Alsace-Lorraine). Le sel gemme est enfermé entre deux couches imperméables d'argile qui le protègent contre les infiltrations de l'eau. Dans les régions où les infiltrations se produisent, l'eau de certaines sources contient du sel dissous.

EXTRACTION DU SEL

Sel gemme. — Le sel gemme s'extrait dans des carrières à ciel ouvert ou dans des mines, suivant que la couche de sel est superficielle ou profonde.

Sel dissous. — Le procédé d'extraction du sel dissous est toujours le même : on fait évaporer l'eau et le sel cristallise. L'extraction du sel marin se pratique sur les côtes plates à sol argileux; on établit sur le rivage des marais salants, c'est-à-dire des bassins peu profonds, mais de grande surface, dont le niveau est inférieur au niveau habituel de la mer. L'eau y pénètre par des canaux inclinés; elle séjourne quelque temps dans un premier bassin où elle commence à s'évaporer, puis on la fait passer dans un deuxième, où l'évaporation continue, et ainsi de suite jusqu'à un dernier bassin où le sel cristallise. Dans les bassins précédents se sont déposés d'autres sels qui sont dissous dans les eaux de la mer avec le chlorure de sodium, mais qui sont moins solubles que lui.

S'il s'agit des sources salées, on ne peut sacrifier de grands terrains pour l'évaporation de l'eau. On obtient néanmoins une grande surface en faisant tomber l'eau sur des fagots d'épines disposés en tas et constituant les *bâtiments de graduation* (*fig.* 65). On élève l'eau au moyen de pompes, et, après huit ou dix chutes successives sur des bâtiments différents, on achève la concentration dans des bassines.

Fig. 65. — Bâtiment de graduation. — *p*, pompe élevant l'eau dans la rigole C d'où elle coule sur les fagots F ; *e*, tiges de bois maintenant les fagots.

Le sel est pour l'homme un aliment indispensable. Les mets non salés sont fades et d'une digestion pénible. Les animaux domestiques sont très friands de sel et se portent mieux quand on en ajoute à leur nourriture.

83. Carbonate de calcium.

Ce corps est connu sous le nom général de pierre calcaire. Les variétés les plus importantes sont la craie, le marbre, le calcaire grossier, la pierre lithographique. De toutes ces pierres, on peut extraire la chaux ; nous savons qu'on emploie plutôt la craie. Le marbre, qui se polit facilement, est réservé pour l'ornementation ; le calcaire grossier, assez mou pour être scié ou sculpté facilement, est employé comme pierre à bâtir ; mais il s'altère vite sous l'influence de l'eau de pluie chargée de gaz carbonique. La pierre lithographique, dont le grain est très fin, est utilisée pour la gravure sur pierre. On dessine les caractères avec un crayon gras et on passe sur la pierre un rouleau chargé d'encre; celle-ci n'adhère que sur les caractères gras.

84. Sulfate de calcium.

Le sulfate de calcium est le plâtre. On trouve dans le sol le sulfate hydraté qu'on désigne encore sous les noms de *gypse* ou de *pierre à plâtre*. Certains morceaux sont transparents et se séparent en lames minces qui ont la forme d'un fer de lance (*fig.* 66). On transforme le gypse en plâtre par la chaleur. Chauffons dans un tube à essai un fragment de gypse en fer de lance, nous voyons une buée se former sur la partie supérieure du tube; il reste au fond une poudre blanche, opaque, qui est le plâtre. Dans l'industrie, on exécute en grand cette opération en cuisant la pierre à plâtre dans des fours analogues aux fours à chaux; mais la température à laquelle il faut porter cette pierre est bien inférieure à celle qu'exige la décomposition du calcaire. Vers le bas du four, on dispose de gros

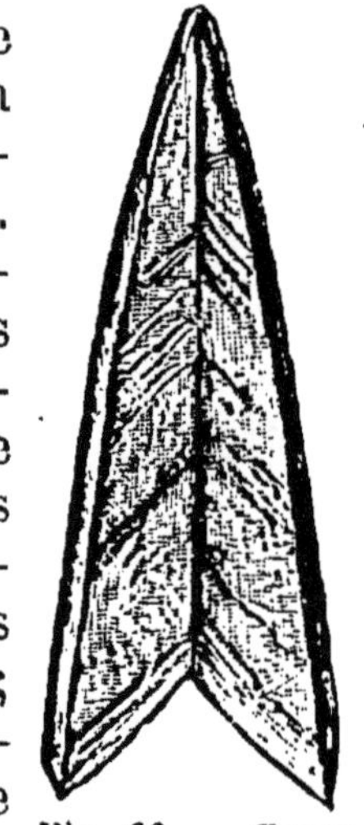

Fig. 66. — Gypse en fer de lance.

morceaux de pierre à plâtre de façon à former une voûte (*fig.* 67). On achève de remplir avec des morceaux plus petits et on allume du feu sous la voûte. Quand l'opération est terminée, on démolit la voûte et on retire les morceaux de plâtre qu'on broie dans un moulin.

Le plâtre, gâché avec de l'eau, forme une pâte qui se solidifie et sert à revêtir la surface des murs intérieurs des maisons. Il se solidifie, parce que, sous l'action de l'eau, il redevient pierre à plâtre. Ce fait est analogue à la solidification de la chaux qui, sous l'action du gaz

carbonique de l'air, redevient pierre calcaire. La solidification du plâtre, comme celle de la chaux, se fait très
vite à la surface, mais elle ne s'achève que très lente-

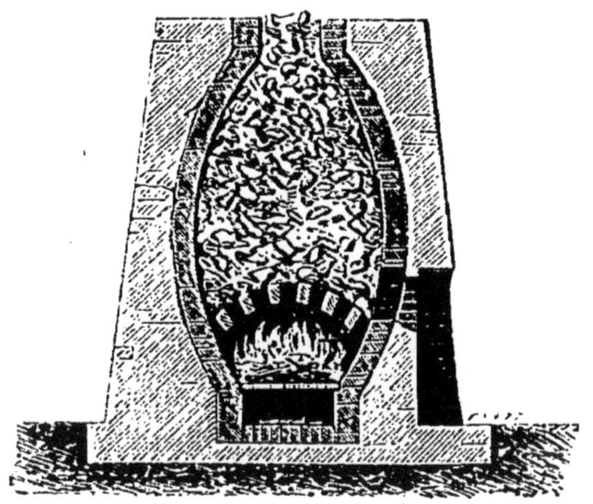

Fig. 67. — Four à plâtre.

ment à l'intérieur. Le plâtre qui durcit augmente de
volume; on le coule dans des moules dont il prend exactement la forme en pénétrant dans les moindres détails.
On l'emploie pour faire des rosaces, des statues, etc.

CHAPITRE XIX

MATIÈRES ORGANIQUES

85. Définition des matières organiques.

On appelle matières organiques des substances extraites des animaux et des végétaux, comme le lait, le suif, le coton, le sucre.

Souvent ces substances sont elles-mêmes formées de plusieurs corps composés, qu'on doit séparer les uns des autres et qui constituent les véritables substances chimiques que l'on étudie :

1° Pétrissons de la farine sous un filet d'eau. L'eau qui a passé sur la farine est blanche; et il reste dans la main une substance grisâtre élastique, molle, le *gluten;* recueillons l'eau, elle laisse déposer, en une poussière blanche très fine, un corps bien connu, l'*amidon*. Le gluten et l'amidon sont deux corps chimiques dont l'association constitue la farine.

2° Si on placé du lait dans un endroit frais, la *crème* se sépare du reste du liquide et monte à la surface. La crème est une matière grasse. Si on enlève la crème et qu'on ajoute au lait quelques gouttes d'acide, le lait tourne, effet qui se produirait de lui-même au bout d'un certain temps. Le lait tourné est formé d'un liquide clair et d'une matière blanche, floconneuse, qui y était dissoute, la *caséine*. Le liquide lui-même est de l'eau, dans laquelle on peut retrouver un peu d'*albumine* ou blanc d'œuf, une matière analogue au sucre ordinaire, la *lactose*, et des sels, comme le chlorure de sodium et le phosphate de calcium. La crème, la caséine, l'albumine, la lactose sont autant de corps chimiques distincts.

86. Les matières organiques contiennent toutes du carbone.

Les matières organiques sont excessivement nombreuses et variées; mais elles ont toutes un même caractère : *elles contiennent du carbone.* Nous avons déjà pu le constater par quelques expériences; le bois, la chair, sont carbonisés par l'acide sulfurique; le sucre, les os, chauffés en vase clos, produisent le charbon de sucre et le noir animal.

Le charbon est combiné en général à trois corps simples, l'*hydrogène*, l'*oxygène* et l'*azote;* tantôt à l'hydrogène seul, exemple : pétrole; tantôt à l'hydrogène et à l'oxygène, exemple : sucre; tantôt à l'hydrogène, l'oxygène et l'azote, exemple : albumine.

COMBUSTION

On voit donc que les matières organiques doivent facilement brûler. En effet, quand on les chauffe suffisamment à l'air libre, toutes disparaissent; elles se transforment en gaz carbonique, vapeur d'eau et azote. Si la quantité d'oxygène est insuffisante pour que la combustion soit complète, l'hydrogène brûle d'abord et le charbon se dépose. C'est ainsi qu'on obtient le charbon de sucre et le noir animal, et qu'on fabrique le noir de fumée en brûlant incomplètement des résines. La combustion des matières organiques fournit beaucoup de chaleur due à la formation du gaz carbonique et de la vapeur d'eau, chaleur que nous utilisons en brûlant le bois et la houille dans nos foyers. Ce dégagement de chaleur explique l'emploi de l'alcool ordinaire ou esprit de vin et d'un corps analogue, l'alcool du bois ou esprit de bois, dans les lampes dites à alcool. On pourra utiliser non seulement comme sources de chaleur, mais aussi comme sources de lumière, des corps tels que les pétroles qui contiennent beaucoup de carbone. Celui-ci ne peut brûler entièrement; il reste en suspension dans la flamme et lui donne de l'éclat.

87. Principales matières organiques.

Les matières organiques sont très utiles à l'homme; elles constituent ses aliments, farine, viande, légumes, lait, sucre; ses vêtements, fibres du lin et du chanvre, coton, laine, soie; ses ressources d'éclairage et de chauffage, sans parler de produits dont l'industrie tire parti, par exemple, le caoutchouc.

I. MATIÈRES FORMÉES DE CHARBON ET D'HYDROGÈNE
OU CARBURES D'HYDROGÈNE

Ce sont les *pétroles*, la majeure partie des gaz dont le mélange constitue le *gaz d'éclairage*, le *caoutchouc*. Citons encore la *benzine*, employée pour dégraisser; la *naphtaline*, qui sert à préserver des mites les fourrures et les étoffes de laine; la *vaseline*, employée en médecine; les *essences* extraites des végétaux et qui les font rechercher soit comme condiments, essences de girofle, de poivre, de cannelle, d'anis; soit comme parfums, essences de rose, de lavande; soit comme remèdes, essences de menthe, de laurier-cerise; l'*essence de térébenthine*, qui provient d'une résine; elle dissout les couleurs, la cire, les corps gras; aussi l'utilise-t-on pour faire des vernis et pour enlever les taches de peinture.

II. MATIÈRES FORMÉES DE CHARBON, D'HYDROGÈNE ET D'OXYGÈNE

Les principales peuvent être groupées de la manière suivante :

Corps gras.	Alcools.
Matière féculente.	Acides.
Sucres.	

1° Corps gras. — Les corps gras sont les beurres, les graisses, les suifs, les huiles; ils servent à la fabrication des savons et des bougies et à l'extraction de la glycérine.

2° Matière féculente. — La matière féculente ou amylacée est appelée *fécule* lorsqu'on la tire de la pomme de terre, et *amidon* quand elle provient des céréales (blé) et des légumes dits farineux (haricots).

3° Sucres. — On connaît deux types de sucres :

> Le sucre de canne ;
> Le glucose ou sucre de raisin.

Pendant la digestion, les féculents et le sucre de canne sont transformés en *glucose ;* au moment de la germination, le même fait a lieu pour les réserves amylacées et sucrées contenues dans les graines.

4° Alcools. — Le type des alcools est l'alcool ordinaire ou alcool du vin. Il s'extrait du vin par distillation. On appelle eau-de-vie l'alcool étendu de beaucoup d'eau · esprit-de-vin, l'alcool concentré. Dans la fabrication du vin, le glucose du jus de raisin est transformé en alcool par l'action d'un être microscopique vivant. Cette transformation porte le nom de *fermentation* et l'être qui la produit est un *ferment.* En même temps se dégage une grande quantité de gaz carbonique. Avant d'entrer dans les celliers où s'opère la fermentation du jus de raisin on y introduit une torche allumée tenue à distance; si la torche s'éteint, c'est que l'atmosphère est suffisamment viciée pour qu'on ne puisse y séjourner sans danger. On chasse le gaz carbonique au moyen d'un courant d'air.

Le vin mousseux est du vin mis en bouteilles avant que la fermentation ne soit achevée; le gaz carbonique qui se produit encore se dissout dans le liquide et s'en dégage quand on débouche les bouteilles.

La fermentation du jus de pommes développe également de l'alcool (fabrication du cidre).

On pourra obtenir indirectement de l'alcool avec des corps comme l'amidon et le sucre de canne qui fournissent du glucose. Il y a alors deux opérations successives à effectuer :

1° Transformer l'amidon ou le sucre de canne en glucose;

2° Transformer le glucose en alcool par la fermentation.

La fabrication de la bière est basée sur cette double transformation :

1° On fait germer des grains d'orge et pendant la germination l'amidon devient du glucose. On arrête le développement de la plantule avant qu'elle n'ait consommé le sucre produit. Pour cela, on la tue par la dessiccation.

2° Les grains desséchés sont broyés et forment une pulpe à laquelle on ajoute de l'eau chaude. On obtient ainsi une dissolution de glucose qu'on fait fermenter au moyen d'un ferment spécial, la *levure de bière* (*fig.* 68).

5° **Acides.** — Les acides les plus connus sont : l'acide *acétique*, principe du vinaigre, et les acides des fruits aigres, comme l'acide *citrique*, du citron.

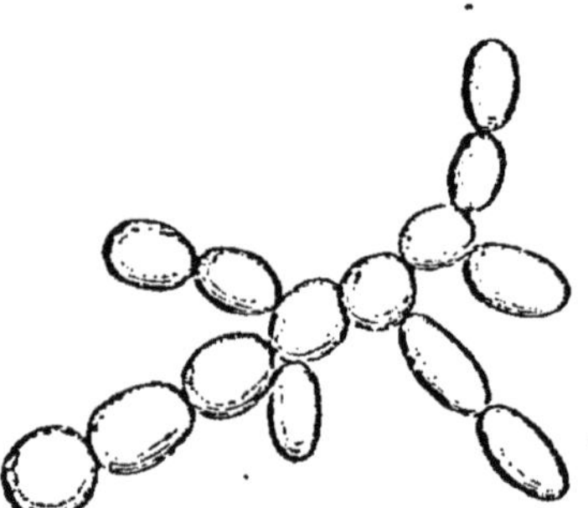

Fig. 68. — Levure de bière vue au microscope.

L'acide acétique provient de l'oxydation incomplète de l'alcool; le vin, abandonné à l'air, se transforme en vinaigre. Cette oxydation est due à un végétal microscopique qui se développe à la surface du vin, la *moisissure acétique* (*fig.* 69).

Les acides dits *organiques* ont presque tous un aspect différent de celui des acides que nous connaissons déjà; ils

Fig. — 69. Moisissure acétique vue au microscope.

sont en général solides et cristallisés; mais ils ont les mêmes propriétés chimiques fondamentales que les autres acides; comme eux, ils rougissent la teinture bleue de tournesol; et ils forment des sels par substitution des métaux à l'hydrogène qu'ils contiennent; exemples, l'acétate de plomb, le citrate de fer.

III. MATIÈRES FORMÉES DE CHARBON, D'HYDROGÈNE D'OXYGÈNE ET D'AZOTE

1° **Les matières albuminoïdes,** telles que : l'*albumine* ou blanc d'œuf, la *caséine* du lait, la *fibrine* du sang, le *gluten* de la farine, la *matière vivante* des cellules animales et végétales. Les aliments albuminoïdes sont transformés en *peptones assimilables* par la *pepsine* du suc gastrique.

2° **L'aniline,** qui existe en petite quantité dans les goudrons de houille, et que l'on prépare en grande quantité au moyen de la benzine ; elle est le point de départ de la fabrication de nombreuses couleurs d'une grande beauté, qui remplacent dans l'industrie les couleurs végétales autrefois employées ; par exemple, la garance et l'indigo.

3° **Les alcalis végétaux,** substances basiques qui, prises à petite dose, sont souvent des remèdes, mais à dose plus forte peuvent être des poisons violents. Les principales sont : les alcalis du *quinquina*, et en particulier la *quinine* employée comme fébrifuge ; les alcalis de l'*opium*, substance extraite des capsules du pavot, et dont le plus important est la *morphine*.

Remarque. — De ces alcalis, nous rapprocherons la *nicotine* du tabac qui ne contient pas d'oxygène, mais qui a les mêmes propriétés chimiques que les autres bases organiques. Son action sur le système nerveux est lente, mais redoutable.

88. Synthèse des matières organiques.

On a cru pendant longtemps que les matières organiques étaient différentes des autres substances chimiques. On pensait que l'homme pouvait les analyser, mais jamais les reconstituer par *synthèse*, que la vie était nécessaire à leur édification. Dans la seconde moitié de ce siècle, on a pu refaire par synthèse une série de composés, tels que des carbures d'hydrogène, des alcools, des sucres, etc., et remonter des plus simples aux plus compliqués. Mais, si on peut obtenir par synthèse certaines matières organiques isolées, on ne sait pas les associer de façon à reconstituer un ensemble vivant.

TABLE DES MATIÈRES

SAINT-CLOUD. — IMPRIMERIE BELIN FRÈRES.

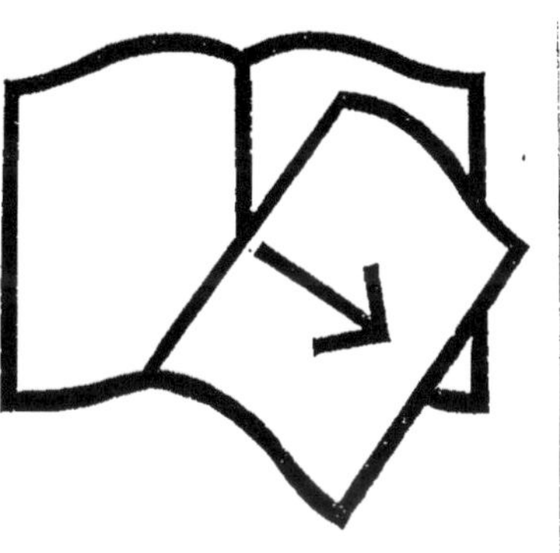

Documents manquants (pages, cahiers...)
NF Z 43-120-13